深埋洞室物理模型试验

王四巍　陈　杰　刘汉东　著

黄河水利出版社
·郑州·

内 容 提 要

本书通过深埋软岩洞室大变形机制及加固措施、硬岩洞室冲击地压机制及加固物理模型试验,研究了软岩洞室大变形、硬岩冲击地压模型试验技术,探讨软岩大变形洞室和硬岩冲击地压洞室加固措施。研制了软岩洞室围岩大变形的测试装置,开发了冲击地压洞室的静动荷载共同作用设备。探讨深埋软岩洞室的大变形机制,研究了基于静载与动载共同作用下的洞室冲击地压产生机制及相应支护装备的受力特性。本书共6章,包括绪论、洞室物理模型试验原理、软岩深埋洞室大变形机制及加固物理模型试验、软岩洞室大变形机制及加固数值分析、深埋硬岩洞室冲击地压机制物理模型试验、深埋硬岩冲击地压洞室加固措施模型试验等。

本书内容丰富,理念清晰,信息丰富,可供水利、交通、采矿、国防地质及岩土工程相关领域的科研人员、工程技术人员、研究生参考使用。

图书在版编目(CIP)数据

深埋洞室物理模型试验/王四巍,陈杰,刘汉东著.—郑州:黄河水利出版社,2020.7

ISBN 978-7-5509-2719-3

Ⅰ.①深… Ⅱ.①王…②陈…③刘… Ⅲ.①地下洞室-物理模型-模型试验 Ⅳ.①TU929

中国版本图书馆 CIP 数据核字(2020)第 118760 号

策划编辑:李洪良　电话:0371-66026352　E-mail:hongliang0013@163.com

出　版　社:黄河水利出版社　　　　　　　　　网址:www.yrcp.com
　　　　　地址:河南省郑州市顺河路黄委会综合楼14层　邮政编码:450003
发行单位:黄河水利出版社
　　　　　发行部电话:0371-66026940、66020550、66028024、66022620(传真)
　　　　　E-mail:hhslcbs@126.com
承印单位:虎彩印艺股份有限公司
开本:787 mm×1 092 mm　1/16
印张:11
字数:254千字　　　　　　　　　印数:1—1 000
版次:2020年7月第1版　　　　　印次:2020年7月第1次印刷

定价:70.00元

前　言

随着世界经济的快速发展,开采深部矿产资源、在山体深部开展水利、交通及国防等洞室施工等成为今后发展的必然趋势。深部洞室施工出现了一系列新问题,主要表现为"三高",即高地压、高地温、高渗透,这些问题引起了工程灾害频频发生,如由高地应力引起巷道围岩大变形及其冲击地压等。但目前的岩体力学理论及方法尚不能有效完善揭示深部洞室变形破坏机制,为了进一步研究深埋洞室变形破坏机制及有效加固措施,开展了深埋洞室的物理模型试验研究,特编写本书。本书共分6章。第1章为绪论,介绍了影响洞室围岩稳定性的主要因素,深部巷道大变形主要特征及冲击地压的特征及分类。第2章为洞室物理模型试验原理,介绍了洞室物理模型试验的相似理论。第3章为软岩洞室大变形机制及加固物理模型试验,主要介绍相似设计、相似材料的配制、洞室大变形物理模型试验的试验方法,探讨了其大变形发展破坏机制和相应的加固措施。第4章为软岩洞室大变形机制及加固数值分析,利用数值仿真技术计算了室内物理模型试验结果,在此基础上,研究了不同地应力、巷道尺寸和岩体性质对巷道大变形的影响规律,并结合工程分析了加固措施的受力性能。第5章为深埋硬岩洞室冲击地压机制物理模型试验,探讨了基于静载和动载共同作用下洞室冲击地压作用机制,介绍了静载和动载共同作用下模型试验技术,实现该技术加载及主要测试方法。第6章为深埋硬岩冲击地压洞室加固措施模型试验,对比了短密锚杆支护和拱架及短密锚杆等联合支护措施应对静载及动载的联合作用。

本书由华北水利水电大学王四巍、刘汉东和中水珠江规划勘测设计有限公司陈杰共同完成,其中,第1章、第2章由王四巍和刘汉东撰写,第3章由王四巍、陈杰撰写,第4章由刘汉东、陈杰撰写,第5章由王四巍、陈杰撰写,第6章由王四巍、陈杰撰写。

由于作者水平有限,书中的疏漏和不足之处在所难免,敬请读者批评指正。

王四巍

2020 年 5 月

目　录

第 1 章 绪 论

随着社会发展对能源需求的不断增加,矿产开采强度不断加大,深部开采已成为今后开发的必然趋势。深部开采出现了一系列新问题,主要表现为"三高",即高地压、高地温、高渗透。"三高"问题的存在使深部开采引起的工程灾害频频发生,如由高地应力引起巷道围岩大变形及其冲击地压等,这往往给深部开采造成巨大困难。在交通、水利、国防等行业,需要在山体深部进行洞室开挖及支护时,也会不可避免地遇到洞室围岩大变形及岩爆灾害问题,且随着经济的进一步发展,洞室开挖的深度会逐渐加大,洞室围岩大变形和岩爆等问题会越来越严重。

1.1 影响洞室围岩稳定性的主要因素

影响洞室围岩稳定性的因素是多方面的,主要有岩性、上覆岩层压、断层构造、地下水和人为因素等。

1.1.1 岩性的影响

岩性是影响围岩稳定性的最基本因素,是物质基础。由于组成矿物及结构的不同,不同岩石的物理力学性质差别很大。依照岩石特性可将围岩分为塑性围岩和脆性围岩两大类。塑性围岩主要包括各类黏土质岩石、破碎松散岩石及某些易于吸水膨胀岩石,通常具有风化速度快、力学强度低及遇水易软化、崩解等不良性质,因此对巷道围岩稳定性最为不利。脆性围岩主要包括各类坚硬岩体,由于岩石本身的强度远高于结构面的强度,故这类围岩的强度主要取决于岩体结构,岩性本身的影响不十分显著。我国很多煤矿开采矿区主要分布于新生界第三纪褐煤和中生界上侏罗纪褐煤地带,煤层顶底板岩石都非常松软破碎,易风化,多属于塑性围岩,怕风、怕水、怕震。

1.1.2 上覆岩层压力的影响

任何地下工程都将受到上覆岩层压力的影响,随着洞室埋深的增加,上覆岩层压力有增大的趋势。据海姆假说,洞室所处地层越深,洞室所受围岩静压就越大,且洞室如果不受其他因素的影响,其四周围岩静压力是均匀的,因此洞室支护体的破坏总是在强度最薄弱的地方开始的(如直墙拱顶断面的直墙底角处,喷厚最薄处等)。由于软岩本身的承载能力差,一旦洞室支护体破坏失效,洞室变形急剧加速,严重失修。

1.1.3 断层构造的影响

穿过断层的洞室在开掘时压力大,变形大,难以维护。经卸压后,在一段时间内洞室相对稳定,但如支护体破坏后,洞室变形很快,且在断层下盘容易发生局部坍塌。沿断层掘进的洞室,靠断层侧洞壁变形特别严重。如果是锚喷洞室,锚杆往往不受拉力,破开洞侧壁后会发现许多锚杆是弯曲的。

1.1.4　地下水的影响

围岩岩体中地下水的赋存、活动状况,既影响围岩的应力状态,又影响围岩的强度。结构面中空隙水压力的增大能减小结构面上的有效正应力,因而降低岩体沿结构面的抗滑强度。地下水对含有蒙脱石、伊利石、高岭石等黏土矿物成分的膨胀岩层具有软化、泥化作用,使之产生显著的体积膨胀、崩解和溶解等现象。当在含水岩层中开挖巷道时,围岩稳定首先受到地下水的影响,在动水压力的作用下使得支护(如喷层等)难度增大,并且一旦支护体形成,增加了支护体变形和破坏的可能性。地下水的泄出,增加了水与其他泥质岩体等的接触机会,使泥质软岩中有膨胀潜能的矿物急剧膨胀,最终会造成巷道变形不能满足要求。特别是巷道两帮在受到地下水作用后,支护会慢慢失效,巷道两帮发生近似整体向内平移的变形,巷道两帮的移近量大于顶板下沉量。

1.1.5　人为因素的影响

人为原因也是影响洞室稳定的主要因素。
1.1.5.1　施工质量

(1)爆破掘进中的错误操作。由于管理上的原因及操作问题,爆破孔及装药量没有得到规范实施,结果造成洞室围岩破坏,围岩自身的承载能力大大降低;同时洞室成形凹凸不平,使洞室支护力远低于设计值,在这种情况下,洞室凸起的地方就会首先产生破坏。

(2)工序的错误。先开展锚杆挂网、后喷浆、再注浆是普遍做法,施工方便,然而这种做法极不合理。第一是围岩风化破碎,使围岩自身的承载能力降低;第二是打锚杆时,围岩容易片落,使托盘、网不贴岩面,托盘对围岩没有紧固力,造成锚杆初期支护作用降低,围岩初期变形加大,锚喷支护体系有效支护期缩短;第三是软岩极易风化,如果喷浆时间太晚,外层围岩已经破碎剥落,围岩破坏向里层传递,最终使锚杆随岩体一起移动,失去锚固作用。

(3)洞室空洞。洞室支护留下的空洞给围岩破坏提供了空间,无支护的围岩向该空间不断移动,最终使空洞附近的锚杆失效,导致巷道破坏。

(4)喷层厚度不均。局部的喷层太薄,支护最薄弱,首先遭到破坏,导致支护的最终失效,从而使巷道失修。

(5)巷道成形不好。巷道成形不好,平顶或某一部分凸出,这时平顶的中部或凸起部位成为受力状态最差点而首先发生破坏。

(6)偷工减料。主要表现为两个方面:一是钢筋(锚杆)间距过大,或衬砌(喷层)厚度不足,造成支护能力达不到设计要求;二是以次充好或减少配合比中水泥用量、配料搅拌不均匀,使衬砌(喷层)的刚度及柔韧度受到不同程度的减弱,支护体不但不能承受设计要求的载荷,也不能承受设计所要求的变形量,从而无法满足对洞室的支护,致使洞室过早地遭到破坏。

1.1.5.2 支护设计不合理

（1）洞室支护形式不合理。不根据围岩地质条件、洞室服务时间、洞室用途等合理选择支护形式。如祁南煤矿初期施工的洞室，绝大部分采用 U 型钢支护形式，结果造成煤矿尚未投入生产，多数洞室就严重失修，巷修资金投入过大的被动局面，严重延迟了煤矿的投入运营时间。

（2）洞室断面形式单一。洞室断面过多的采用直墙半圆拱，而没有根据具体的地质情况，采用多种形式。一般来讲，直墙半圆拱型洞室的破坏首先从支护薄弱的底角处开始，使反底拱及两帮过早破坏。

（3）轻视底板支护。由于底板无支护，使压力沿底板释放，底臌严重并使两帮底角向内空收敛，造成两帮的破坏失修。

（4）支护构件设计不合理。如锚、喷、带联合支护中的钢带，当洞室拱顶处采用钢带，拱顶下沉时，如果两锚杆间距缩小，钢带不是受拉力，而是受压弯曲，并将外围喷层破坏；当洞室平顶采用钢带，拱下沉时，钢带受到张拉，但两条钢带在锚杆连接处对锚杆产生剪切力，将连接锚杆剪断，造成此处支护体的破坏。

1.1.5.3 爆破震动

爆破产生的冲击波对围岩支护体产生震动冲击作用，当巷道支护体承载力接近临界值时，如果经多次震动冲击，就会使本来显得较为脆弱的支护体迅速破坏。

1.2 深部巷道大变形主要特征

1.2.1 洞室变形量大

洞室开挖产生大的收敛变形量。这一特点是由围岩处于破裂状态和围岩有较大的破裂范围决定的。苏联研究表明，随开采深度加大，洞室变形量呈近似线性关系增大，从 600 m 开始，开采深度每增加 100 m，洞室顶底板相对移近量平均增加 10% ~ 11%。理论分析表明，深部开采的洞室变形量随开采深度增大呈近似直线关系增大；此外开采深度每增加 100 m 的洞室变形增量也与岩体强度有关。国内外深部开采的实践表明，开采深度为 800 ~ 1 000 m 时，某些洞室变形量可达 1 000 ~ 1 500 mm，甚至更大。

由于深部洞室变形量大，若支护不合理，将造成洞室变形、破坏严重。实践表明，深部开采的巷道翻修率严重时损坏率可达 40% ~ 80%（部分是由于支护不当造成的），甚至高达 100%，其原因与开采深度、岩石力学性质、支护方式、支架力学性能参数，特别是可缩量等有关。

1.2.2 初期变形速度大

深部洞室大变形显现的另一个显著特点是刚掘出时的变形速度很大。一般来说洞室掘进的第 1 ~ 2 天，变形速度小的为 5 ~ 10 mm/d，速度大的达 50 ~ 100 mm/d；变形持续时间一般 25 ~ 60 天，有的长达半年以上仍不稳定。根据现场观测表明，有些深部洞室刚开挖时的变形速度可达 50 mm/d 以上。河北省唐山市赵各庄矿 13 水平东翼阶段运输巷

(现场称为电车道),埋深 1 159 m,围岩为煤岩至半煤岩,锚喷网支护。洞室掘出后,变形速度随时间的延续呈负指数曲线急剧衰减,经过一定时间后趋于稳定。因此,深井洞室变形速度的上述规律表明:①洞室围岩破裂区的形成经历了一个时间过程(该时间过程的长短与围岩破裂范围即破裂区厚度有关);②深部洞室围岩破裂的发展速度在洞室刚开掘时较快,以后逐渐衰减,直至破裂区完全形成。

1.2.3　变形趋于稳定的时间长

变形趋于稳定要经历一个较长的时间过程是深部洞室变形的又一大特点。据资料分析,赵各庄矿 13 水平东翼阶段运输巷的变形稳定期(变形趋于稳定经历的时间)约为 2 个月。洞室变形稳定期与围岩破裂范围大小有关:破裂区厚度越大,洞室变形稳定期越长。虽然深部洞室开掘后要经过较长时间变形才能趋于稳定,但洞室的收敛变形大部分发生在开掘后较短的一段时间内。掘巷引起的围岩变形趋于稳定后,变形速度维持在一个较低水平。此后,洞室围岩保持这一速度不断变形,长时期处于蠕变状态,直至受采动影响。

1.2.4　洞室底臌量大

底臌量大是深部洞室变形的又一个显著特点。从国内外的有关报道看,深部开采的洞室底臌现象具有普遍性。据苏联专家对部分深井资料的统计分析:①随开采深度增大,易于产生底臌的洞室比重越来越大;②底臌量及其在顶底板相对移近量中所占的比重随开采深度增大而增大。

1.3　冲击地压的特征及分类

我国煤矿冲击地压具有如下特征:

(1)突发性。发生前一般无明显前兆,冲击过程短暂,持续时间为几秒到几十秒。

(2)破坏性。一般表现为煤爆(煤壁爆裂、小块抛射)、浅部冲击(发生在煤壁 2～6 m,破坏性大)和深部冲击(发生在煤体深处,声如闷雷,破坏程度不等)。最常见的是煤层冲击,也有顶板冲击和底板冲击,少数矿井发生了岩爆。在煤层冲击中,多数表现为煤块抛出,少数为数十平方米煤体整体移动,并伴有巨大声响、岩体震动和冲击波,往往造成煤壁片帮、顶板下沉、底臌、支架折损、巷道堵塞、人员伤亡等。

(3)复杂性。在自然地质条件下,除褐煤外的各煤种,采深从 200～1 000 m,地质构造从简单到复杂,煤层厚度从薄层到特厚层,倾角从水平到急斜,顶板包括砂岩、灰岩、油母页岩等,都发生过冲击地压;在采煤方法和采煤工艺等技术条件方面,不论是水采、炮采、普采或是综采,采空区的处理采用全部垮落法或是水力充填法,长壁、短壁、房柱式开采或是柱式开采,都发生过冲击地压。其中,采用无煤柱长壁开采法中出现冲击地压次数较少。

冲击地压可根据应力状态、显现强度、发生的不同地点和位置进行分类。

1.3.1　根据原岩(煤)体的应力状态分类

(1)重力应力型冲击地压。主要受重力作用,没有或只有极小构造应力影响的条件下引起的冲击地压,如枣庄、抚顺、开滦等矿区发生的冲击地压。

(2)构造应力型冲击地压。主要受构造应力(构造应力远远超过岩层自重应力)的作用引起的冲击地压,如北票矿务局和天池煤矿发生的冲击地压。

(3)中间型或重力-构造型冲击地压。主要受重力和构造应力的共同作用引起的冲击地压。

1.3.2　根据冲击的显现强度分类

(1)弹射。一些单个碎块从处于高应力状态下的煤或岩体上射落,并伴有强烈声响,属于微冲击现象。

(2)矿震。它是煤、岩内部的冲击地压,即深部的煤或岩体发生破坏,煤、岩并不向已采空间抛出,只有片带或塌落现象,但煤或岩体产生明显震动,伴有巨大声响,有时产生煤尘。较弱的矿震称为微震,也称为煤炮。

(3)弱冲击。煤或岩石向已采空间抛出,但破坏性不很大,对支架、机器和设备基本上没有损坏;围岩产生震动,一般震级在 2.2 级以下,伴有很大声响,产生煤尘,在瓦斯煤层中可能有大量瓦斯涌出。

(4)强冲击。部分煤或岩石急剧破碎,大量向已采空间抛出,出现支架折损、设备移动和围岩震动,震级在 2.3 级以上,伴有巨大声响,形成大量煤尘并产生冲击波。

1.3.3　根据震级强度和抛出的煤量分类

(1)轻微冲击。抛出煤量在 10 t 以下,震级在 1 级以下的冲击地压。

(2)中等冲击。抛出煤量在 10~50 t,震级在 1~2 级的冲击地压。

(3)强烈冲击。抛出煤量在 50 t 以上,震级在 2 级以上的冲击地压。

1.4　冲击地压引起巷道破坏特征

现场调查表明,冲击地压发生后,工作面或巷道并不是所有地方都被破坏了,而是局限于某一范围内。

例如:北京门头沟煤矿 1980 年 3 月 14 日在九龙七槽的工作面(埋深为-137 m)发生了震级为 2.0 级的冲击地压。该工作面长 80 m,煤层水平,均匀程度较好。冲击发生后调查发现,工作面中部附近有一长约 5 m、深达 6 m 的大孔洞,此洞内的原煤体全部被抛出,而工作面其他部位的煤体基本没有破坏。

天池煤矿 1960 年 6 月 21 日发生一次冲击地压事故,采煤时突然冲出 2 t 多煤炭,在煤层中形成一个高 2 m、宽 1 m 的椭圆形空洞,其他部位基本没有破坏。

天生桥二级水电站Ⅰ号隧洞桩号 7+870~7+928 m,在 1988 年 7 月 15 日发生特大岩爆。岩爆发生后在隧洞顶拱形成一个宽 5~7 m、深达 3~4 m 的大岩爆槽,而隧洞断面其他部位基本没有破坏。

2008 年 6 月 5 日 15 时 57 分,河南省渑池县果园乡附近发生了由矿区塌陷引起的地面震动,震级达到 3.5 级。3 min 后,义煤集团公司千秋煤矿突发冲击地压,造成 750~850 m 处巷道瞬间凸起。

2011 年 11 月 3 日 19 时 45 分,义煤集团公司千秋煤矿发生冲击地压事故,造成 10 名矿工遇难。义煤集团千秋煤矿位于义马煤田的中部,渑池县果园乡王疙瘩村境内,事故发生的位置位于地下 -800 m 左右、千秋煤矿 21221 下巷的掘进工作面。

辽宁阜矿集团五龙矿自 2002 年第一次发生冲击地压后,频率和强度不断增加,2010 年以来每年约 10 次左右。2013 年 1 月 12 日 22 时 30 分,五龙矿与兴阜矿之间发生 2.0 级地震,两矿之间发生冲击地压事故,造成 8 名矿工死亡。

2013 年 3 月 15 日 5 时 20 分,黑龙江省龙煤集团鹤岗分公司峻德煤矿井下发生冲击地压事故。事故发生时,28 人正在井下作业,其中 8 人安全升井,20 人被困。经救援,16 名被困矿工成功获救,事故共造成 4 人死亡。

2013 年 8 月 5 日,山东星村煤矿 3302 运输顺槽掘进工作面发生一起能量为 4.4×10^5 J 的冲击地压事故,4 人受伤,掘进工作面 30 m 后方的 160 m 巷道不同程度遭到破坏,底臌量最大为 700 mm,顶板最大下沉量为 800 mm,两帮移近最大量为 900 mm,巷道最矮处仅剩 1.4 m。

近些年浅部开采发生冲击地压的矿井也接连出现。例如:新疆矿区的宽沟煤矿开采深度 317 m,硫磺沟开采深度 350 m、乌东矿仅 150 m 左右、平庄矿区古山矿开采深度 380 m 左右等均发生过冲击地压,而华亭矿区华亭矿发生冲击地压也是在 300 m 左右。

第 2 章　洞室物理模型试验原理

相似理论是模型试验的理论基础,是指满足相似条件使得模型试验结果能反映原型实际状态的理论。模型试验结果能否反映原型实际并为之提供定性的或定量的设计依据,取决于它与原型的相似程度。

由于目前没有建立表征巷道冲击地压破坏整个过程特征的数学方程,所以应采用量纲分析法来研究其相似准则。根据量纲分析、岩体介质材料,模型试验可能发生的物理现象主要与下列物理量有关:

(1)岩体介质参数:密度 ρ、弹性模量 E、抗压强度 R_c、抗拉强度 R_t、泊松比 μ、黏聚力 c、内摩擦角 φ。

(2)巷道的几何尺寸参数:跨度 D、高度 H、拱顶半径 R。

(3)煤的开采模式等。

根据量纲理论,通常选择长度、质量、时间等物理量作为描述物理现象的基本物理量,把其他的物理量都表示为导出量,相似物理量统计见表 2-1。

表 2-1　相似物理量统计

变量	比尺因数	量纲
长度	K_l	L
质量	K_m	M
时间	K_t	T
加速度	K_g	LT^{-2}
密度	K_ρ	ML^{-3}
应力	K_σ	$ML^{-1}T^{-2}$
应变	K_ε	—
泊松比	K_μ	—
摩擦角	K_φ	—
速度	K_ν	LT^{-1}
力	K_F	MLT^{-2}
重度	K_γ	$ML^{-2}T^{-2}$
冲量	K_i	MLT^{-1}
能量	K_E	ML^2T^{-2}

例如:长度 l,带有 L 的量纲;密度 ρ,带有 ML^{-3} 的量纲;加速度 g,带有 LT^{-2} 的量纲。

根据基本比例定律,它们的比尺因数可以用量纲中各量的比尺因数来取代量纲中各量的方法,得到如下关系:

$$K_\rho = K_m \cdot K_l^{-3} \tag{2-1}$$

$$K_g = K_l \cdot K_t^{-2} \tag{2-2}$$

上式中的 K_l、K_ρ、K_g、K_t、K_m 等都是模型和原型之间的同类量比尺因数。由式(2-1)、式(2-2)可导出:

$$K_m = K_\rho \cdot K_l^3 \tag{2-3}$$

$$K_t = K_l^{\frac{1}{2}} \cdot K_g^{-\frac{1}{2}} \tag{2-4}$$

因为任何变量的量纲都可以用 M、L 和 T 的幂次乘积来表示,而 M、L、T 的比尺因数又可通过所选择的三个独立变量长度、密度、加速度的比尺因数 K_l、K_ρ、K_g 来表示,所以任何变量的比尺因数也都可以用所选择的三个独立变量的比尺因数 K_l、K_ρ、K_g 来表示。

进行地质力学模型试验必须遵守相关的相似关系准则,其中需要遵守的最关键强度关系准则为

$$K_\sigma = K_l \cdot K_\rho \cdot K_g \tag{2-5}$$

式中,$K_\sigma = \dfrac{\sigma_m}{\sigma_p}$ 为模型材料抗压强度与原型材料抗压强度之比;$K_l = \dfrac{l_m}{l_p}$ 为模型体几何尺寸与原型几何尺寸之比;$K_\rho = \dfrac{\rho_m}{\rho_p}$ 为模型材料密度与原型材料密度之比;$K_g = \dfrac{g_m}{g_p}$ 为模型体重力加速度与原型体重力加速度之比。

根据重力加速度能否改变,当前模型试验相似关系准则有两种:复制相似准则和弗劳德相似准则。

(1)复制相似准则。

按照这种准则,一般用原型材料制作模型,即 $K_\sigma = \dfrac{\sigma_m}{\sigma_p} = 1$,$K_\rho = \dfrac{\rho_m}{\rho_p} = 1$。按照公式 $K_\sigma = K_l \cdot K_\rho \cdot K_g$ 要求,则 $K_g = \dfrac{1}{K_l}$,模型试验中结构体的几何尺寸一般要小于原型结构体的尺寸,即 $K_l = \dfrac{l_m}{l_p} < 1$,因此 $K_g > 1$。

因而,按照复制相似准则进行试验时,需要增大加速度才能满足重力相似要求。因此,这种试验只有在离心机设备上进行才行。但是,用离心机方法进行模型试验还存在一些问题,这些问题主要是关于模型尺寸的。离心机试验的典型长度比例系数在 1/50 左右,或者更小。由于离心机尺寸的限制,这些小比例系数是必须的。为减小边界影响,离心箱必须足够大,而箱内模型体必须足够小。在进行深部巷道领域试验中,模型体尺寸和巷道尺寸必须成比例,当几何比尺系数在 1/8 ~ 1/10 时,这个要求能够相对容易满足;当几何相似系数为 1/50 或者更小时,就变得非常困难。因此,目前岩土工程领域多采用弗劳德相似准则来设计和进行模型试验。

（2）弗劳德相似准则。

按照弗劳德（Froude）相似准则的模型试验，与原型试验一样是在相同的重力场进行，即 $K_g = 1$，这样模型材料不能与原型材料相同，需要按照 $K_\sigma = K_l \cdot K_\rho$ 的要求配制模型材料。

国内外按照弗劳德相似准则进行的大量模型试验表明，模型试验结果与原型试验结果吻合情况较好。这说明采用该准则进行模拟试验是可行的，是可以揭示地下结构受力特性的。本项目也采用弗劳德相似准则来设计和进行模型试验。

按照上述方法对表 2-1 中的各个变量求得的弗劳德比例因数见表 2-2。

表 2-2　各变量的弗劳德比例因数

变量	比尺因数	弗劳德比例因数
长度	K_l	K_l
密度	K_ρ	K_ρ
加速度	K_g	$K_g = 1$
时间	$K_t = K_l^{\frac{1}{2}} \cdot K_g^{\frac{1}{2}}$	$K_t = K_l^{\frac{1}{2}}$
应力	$K_\sigma = K_l \cdot K_\rho \cdot K_g$	$K_\sigma = K_l \cdot K_\rho$
应变	K_ε	$K_\varepsilon = 1$
泊松比	K_μ	$K_\mu = 1$
摩擦角	K_φ	$K_\varphi = 1$
速度	$K_v = K_g^{\frac{1}{2}} \cdot K_l^{\frac{1}{2}}$	$K_v = K_l^{\frac{1}{2}}$
力	$K_F = K_l^3 \cdot K_\rho \cdot K_g$	$K_F = K_l^3 \cdot K_\rho$
重度	$K_\gamma = K_\rho \cdot K_g$	$K_\gamma = K_\rho$
冲量	$K_i = K_\rho \cdot K_g \cdot K_l^{\frac{7}{2}}$	$K_i = K_\rho \cdot K_l^{\frac{7}{2}}$
能量	$K_F = K_\rho \cdot K_g \cdot K_l^4$	$K_F = K_\rho \cdot K_l^4$

在同一个试验中要满足上述全部参数相似要求极为困难，应根据试验目的及突出主要矛盾的原则适当简化。按照弗劳德比尺要求，模型材料应满足下列关系：

具有应力量纲的量：$K_\sigma = K_l \cdot K_\rho$。

应变：$K_\varepsilon = 1$。

泊松比：$K_\mu = 1$。

摩擦角：$K_\varphi = 1$。

另外，由于工程实际非常复杂，完整、全面、逼真地模拟实际状况比较困难。在模型试验设计时，做了如下简化假设：

（1）只考虑深部岩体所受到的高地应力作用，不考虑构造应力等其他应力作用。

（2）不考虑材料的流变特性。

（3）不考虑深部岩体高温对巷道破坏的影响。

（4）不考虑相似材料的自重。

第 3 章　软岩洞室大变形机制及加固物理模型试验

3.1　软岩洞室大变形机制探讨

　　1946 年,太沙基首次提出了挤出性岩石和膨胀性岩石的概念,挤出性岩石是指侵入巷道(开挖轮廓面)后没有明显体积变化的岩石,发生挤出的先决条件是岩石中含有高含量的微观、亚微观云母状矿物颗粒或低膨胀能力的黏土矿物;膨胀性岩石则是指主要由于膨胀作用而侵入巷道(开挖轮廓面)的岩石。

　　目前,一般把巷道大变形机制分为以下两大类:

　　(1)大变形的原因之一,是开挖形成的应力重分布超过围岩强度而发生塑性化。如果介质变形缓慢,就属于挤出(如果变形是立刻发生的,就是岩爆)。Anagnostou(1993)认为,挤出主要取决于岩石强度和覆盖层厚度(地应力),原则上可以在任何类型的岩石中发生,其中包括含有膨胀性矿物的岩石。

　　(2)大变形的原因之二,是岩石中的某些矿物和水反应而发生膨胀。水及某些(膨胀性)矿物的存在,对于膨胀变形是必须的。Anagnostou(1993)认为,可能发生膨胀变形的围岩在开挖时都具有较高的强度,变形主要发生于巷道若干年以后,变形一般表现为底臌,而拱顶和边墙一般保持完好状态;Qtsuka、Takano(1980)和 Aydan O.等(1993)将建成后 6~12 个月内发生严重底臌的日本两条隧道的变形归结于膨胀作用。

　　从总体上看,围岩挤出是开挖引起的应力重分布超过岩体强度时岩体屈服的结果。Aydan O.等(1993)对这一过程中岩石变形的力学机制进行了研究,将围岩挤出的力学机制分为以下三大类(见图 3-1)。

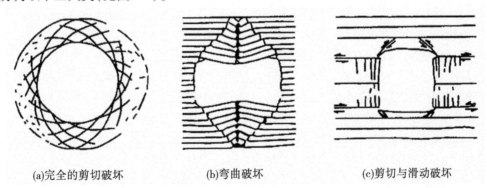

(a)完全的剪切破坏　　　　　　(b)弯曲破坏　　　　　　(c)剪切与滑动破坏

图 3-1　挤出性围岩隧巷道失稳形式分类

　　(1)完全的剪切破坏[见图 3-1(a)]:在连续的塑性岩体及含有大开度裂隙的非连续岩体中会发生这种破坏。这种情况的一个典型例子是日本 Orizume 公路隧道,该隧道长

2.3 km,其围岩为泥岩,单轴抗压强度为 0.7~1.2 MPa,埋深约 100 m,隧道收敛的最大值为 360 cm。

(2)弯曲破坏[见图 3-1(b)]:一般发生在千枚岩及云母片岩等变质岩或泥岩、油页岩、泥质砂岩及蒸发岩等薄层状的沉积岩中。日本的思瑞(Enrui)铁路隧道全长 60 km,围岩为薄层泥岩,单轴抗压强度为 4.0~4.2 MPa,埋深为 110~130 m,隧道收敛的最大值大于 100 cm,属于比较典型的弯曲型破坏。

(3)剪切和滑动破坏[见图 3-1(c)]:发生于相对厚层的沉积岩中,包括沿层面的滑动和完整岩石的剪切两种破坏形式。这种形式的破坏在 Navajo 灌溉工程 3 号隧洞发生过。一些室内模拟试验也发现存在这种破坏机制(Kaiser,1979,1985)。

软岩大变形中,挤出作用与膨胀作用的关系及两者对大变形的贡献是普遍关心的重要问题。从理论和室内试验的角度,挤出和膨胀是完全可以分开的:第一,挤出是一种物理破坏,而膨胀则是必须有水参与的化学过程;第二,膨胀发生所需要的时间通常要比挤出发生所需时间长很多。但是,大多数学者都认为,在实际隧道工程中,挤出与膨胀往往是很难分开的,绝对单纯的挤出或绝对单纯的膨胀引起的大变形都是少见的。

一般说来,挤出作用在巷道大变形中占有更重要的位置,或者说它是大变形的主要机制。

(1)严格说来,膨胀作用引起大变形的概念模型应该是,开挖以前围岩不含水或含水较少,开挖引起地下水渗流场的改变,地下水向巷道排泄,引起黏土矿物发生膨胀或膨胀程度加大。但是,现有大变形巷道的围岩一般都属于隔水或弱透水介质,开挖引起显著地下水汇流的情况很少。

(2)如果围岩在初始状态下就处于含水或潮湿状态,开挖后的涌水量或围岩含水量变化不大,大变形应主要归结于挤出作用。

(3)大多数大变形隧道(洞段)基本没有明显的涌水现象。我们国家很多隧道的涌水量较少,然而在无膨胀性的砂岩、煤层中同样也发生过大变形。

(4)尽管有些巷道是运行期发生大变形,但这些巷道一般在施工期间就出现区别于硬岩的变形行为,如我国的崔家沟隧道、关角隧道等;还有一些隧道的大变形从施工一直持续到运营后的相当长时间,如辛普伦隧道、大寨岭隧道等。仅仅根据变形时间,将它们归结于膨胀作用的结果是不合适的。此外将那些施工期间保持稳定,运营一段时间后,发生的以隧底隆起、仰拱破裂而顶和边墙保持稳定为特征的隧道大变形完全归结于膨胀作用也是不合适的。处于不均匀应力状态下的隧道围岩,即使应力量级低于其强度,只要时间足够长,也同样会因流变而屈服、破坏,尤其是相对软弱的围岩。同时,仰拱强度不足(有些还未设仰拱,仅为铺底)及列车的长期动荷载作用,也是诱发底臌的重要因素。

综上所述,软岩隧道的大变形可以描述为一种以挤出为主、膨胀为辅的水-力耦合过程。

本书开展的深部洞室大变形机制及加固模型试验原理是基于洞室开挖形成的应力重分布超过围岩强度而发生塑性变形。

3.2　相似设计

3.2.1　试验概况

地质力学模型试验根据其特点可分为下列各种模型：

(1)按模型试验的性质划分为：平面或二维模型试验；空间或三维模型试验。

(2)按模型模拟的详细程度划分为：大块体地质力学模型；小块体地质力学模型。

(3)按模拟的地区或深度划分为：地表岩体模型；深层岩体模型。

(4)按模型的制作方式划分为：现浇式模型；预制块体砌筑模型。

上述(1)提及的平面地质力学模型，其地质构造应尽量与切平面相垂直，否则不能反映实际情况。如果所研究的对象为平面应变问题，则还需采取约束侧向变形的措施使模型不能产生侧向变形。模拟整个坝肩岩体者属三维地质力学模型。上述(2)中的大块体模型只模拟断层破碎带等主要地质构造断裂。如果模型中除模拟上述主要构造断裂外，还模拟一些主要节理裂隙组，则称为小块体地质力学模型。由于它更能反映出岩体为非连续、多裂隙体的结构特征，故目前三维地质力学模型多属此种类型。上述(3)中的地表岩体模型中，岩体自重是一项维持稳定的重要荷载，通常需用模型材料自重来模拟岩体重量。而(3)中的深层岩体模型(如深层地下矿井或硐室)，当模型所模拟范围内的岩体重量，与模型以上部分的岩体重量或地应力相比，只占较小的比例时，则模型范围内的岩体重量可近似地给以简化或不必要求模型材料容重严格相似。而上述(4)中的现浇式模型，是直接分期浇筑。预制块体砌筑模型是预先制作好模型材料块体毛坯，再加工成所需形状尺寸的块体，或直接用模具制作出所需的块体，然后砌筑成模型。

本次试验采用平面地质力学模型，模拟深层岩体、高地应力区的巷道围岩大变形及支护问题。

3.2.2　试验设备

模型试验采用 YDM-D 型岩土多功能试验机，该设备由华北水利水电大学与解放军总参工程兵科研三所共同研制。该试验机主要应用于研究不同地应力特征、不同岩体条件下的洞室、洞群、边坡和基坑开挖与锚固效应等方案对比，为工程设计施工提供试验依据。可广泛应用于水电、煤矿、铁路、公路等部门的科研、设计和教学工作。

试验机的主要参数如下：

(1)模型块体尺寸 160 cm×160 cm×40 cm。

(2)最大荷载集度 5 MPa。

(3)应变场均匀范围 130 cm×130 cm。

(4)最大洞室尺寸 30 cm×40 cm。

(5)稳压时间>48 h。

(6)最大垂直旋转角度 35°。

(7)最大水平旋转角度±90°。

（8）主机总重 13 800 kg。

主要装置 YDM-D 型岩土工程结构模型试验机如图 3-2 所示。

图 3-2　YDM-D 型岩土工程结构模型试验机

3.2.3　相似设计

地质力学模型试验必须满足模型与原型之间的相似性要求，这是模型试验的理论依据。但是，由于地质力学模型所模拟岩体的物理力学特性通常非常复杂，不是简单的均匀弹性体，而是非均质、多裂隙的黏弹塑性体。因此，尽管做了必要的简化，这种模型的相似性要求较其他类型试验来说，仍更为复杂。

地质力学模型试验是一种破坏试验。因此，它必须满足破坏试验的相似要求。在试验过程中，要求弹性阶段及超出弹性阶段后一直到破坏过程中，模型的应力和变形状态与原型相似，即 $C_\varepsilon = 1$，$C_\varepsilon^0 = 1$。式中，C_ε 为应变相似常数，C_ε^0 为残余应变相似常数。

由此，可导出有关的相似判据：

$$C_\sigma = C_E, \quad C_\delta = C_l \tag{3-1}$$

$$C_\sigma = \frac{\sigma_p}{\sigma_m}, \quad C_E = \frac{E_p}{E_m}, \quad C_\delta = \frac{\delta_p}{\delta_m}, \quad C_l = \frac{l_p}{l_m} \tag{3-2}$$

式中：C_σ 为应力相似常数；C_E 为弹性模量相似常数；C_δ 为位移相似常数；C_l 为几何相似常数；σ_p 为原型边界的应力，MPa；E_p 为原型的弹性模量，MPa；δ_p 为原型的位移，m；l_p 为原型的几何尺寸，m；σ_m 为模型边界的应力，MPa；E_m 为模型的弹性模量，MPa；δ_m 为模型的位移，m；l_m 为模型的几何尺寸，m。

原型岩体与相似材料的应力应变关系曲线（见图 3-3）要求全过程相似，其中包括强化及软化阶段，以及残余强度，见图 3-3 中的 BC 段及 $B'C'$ 段及 σ_c 和 σ_c'。图 3-3 中 A、A' 为两曲线上同一任意应变值 $\varepsilon_{AA'}$ 的对应点，B、B' 为峰值，C、C' 为残余值，要求：

$$\sigma_A/\sigma_A' = \sigma_B/\sigma_B' = \sigma_C/\sigma_C' = C_\sigma \tag{3-3}$$

对于岩体中及模型中各构造面或软弱夹层之间的摩擦系数 f 及黏聚力 c，要求：

$$C_f = 1, \quad C_c = C_\sigma \tag{3-4}$$

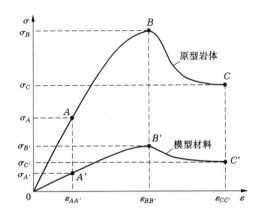

图 3-3 原型岩体与相似材料应力应变曲线

对地质力学模型试验的相似性要求,比常规的线弹性应力结构模型试验或建筑物的结构模型破坏试验的要求高得多和复杂得多,所以要全部都满足这些相似条件是十分困难的,甚至是不可能的。因此,通常都需进行适当的简化,并且还要根据岩体稳定的性质,保证一些主要区域及主要物理参数的模拟而放弃次要者,只有这样,才能使模型试验既能满足相似条件,又建立在切实可行的基础上。

正确地选择模型比例尺或几何相似常数 C_l 是十分重要的。它一方面要保证试验的精度,另一方面又要考虑到制作模型的工作量和经济指标,这些因素都与模型比例尺的大小有关。对于地质力学模型来说,由于其相似条件要求较高,而相似材料的制备及块体模型制作的工作量较常规应力试验模型要大得多,因此选择适当的模型比例尺就显得更为重要。

从相似理论可知,模型须满足下列相似判据:

$$C_\sigma = C_X C_l = C_E C_\varepsilon \tag{3-5}$$

式中:C_X 为体积力相似常数。地质力学模型要求 $C_\varepsilon = 1$,且 $C_X = C_\gamma$,C_γ 为容重相似常数。所以:

$$C_\sigma = C_l C_\gamma = C_E \tag{3-6}$$

考虑本实验室多功能岩土试验设备,洞室可制作成为圆柱,直径 30 cm、高 40 cm。淮南深部巷道的形状主要为直墙拱形,宽度一般为 4.0~5.0 m,高度 1.6~4.5 m,其几何比尺为 1.3~1.7。

3.3 相似材料

3.3.1 相似材料的要求

经验表明,正确地选择相似材料往往是模型试验成败的关键问题。由于岩体和相似材料的物理力学变形性能的影响因素很多,其破坏机制复杂,应力应变关系常常具有一定的随机性,试验关系曲线一般较离散。然而地质力学模型试验中要求相似材料应力应变关系在整个极限荷载范围内都满足相似性的要求。同时,为了保证模型和原型在相似荷载作用下具有相同的破坏形式,材料的极限强度(拉、压、剪)必须有相同的相似常数。在单向、双向或三向应力状态下,都必须满足这一相似要求,否则模型和原型材料莫尔强度包络线就不能维持几何相似。因此,地质力学模型试验相似材料配制非常困难。

为配制各种各样的相似材料,需使用不同种类和不同性能的相似材料原料。试验中相似材料的选取必须满足以下条件:

(1)相似材料的主要力学性质应与模拟的岩层相似。如模拟破坏过程,应使相似材料的单向抗压强度与抗拉强度相似于原型材料。

(2)材料的力学性能稳定,不易受外界条件(温度、湿度等)的影响。

(3)改变材料的配合比可使材料的力学性能发生改变,以适应相似条件的需要。

(4)容易成型,制作方便,凝固时间短。

(5)材料来源广,成本低廉,且对人体健康无害。

相似材料除要符合定量上的相似外,还要求瞬时变形特性相似,通常岩石分为脆性的和延性的。对于每个具体的模拟模型应在定性的类型上符合被模拟的岩石。这就需要靠选择的相似材料来保证,使它在 $\sigma - \varepsilon$ 坐标上的应力应变曲线无论在弹性区还是在弹性区以外都与被模拟岩石相似。

另外还应符合一系列操作上的要求。其中主要是:

(1)模型的每一个单元在全部体积内结构、强度和变形的均匀性。

(2)在材料的制作和使用过程中无亲水性。

本项目主要考虑深部高地应力区巷道围岩的大变形,相似材料的容重相似性并不是主要考虑问题,主要考虑相似材料的大变形特征。

3.3.2　相似原料

为配制各种各样的模型材料,需使用不同种类和不同性能的相似材料原料。相似材料通常由胶结材料和充填料组成,当胶结材料的固化需要水时,水就成为配制相似材料所必须的原料之一。但也有一些相似材料是由单一的原料组成,这种原料通常是人工合成的有机材料,如树脂、橡胶等。为了改变相似材料的某些性质或为了便于相似材料的配制,常需加入一些称为添加剂的材料,这些材料也是配制相似材料所必需的原料。

3.3.2.1　胶结材料

胶结材料是相似材料最重要的原料,其力学性质在很大程度上决定了相似材料的力学性质。胶结材料主要可分为两大类:无机(矿物)胶结材料和有机胶结材料。无机胶结材料按照其硬化条件又可分为气硬性胶结材料和水硬性胶结材料。气硬性胶结材料只能在空气中硬化,也只能在空气中保持和继续发展其强度;而水硬性胶结材料不仅能在空气中,而且能更好地在水中硬化、保持并继续发展其强度。相似材料配制中常用的气硬性胶结材料有石膏、石灰、黏土及水玻璃等;而水硬性胶结材料则有各种水泥。有机胶结材料常用的有油类、石蜡、树脂、塑料等。

1. 石膏

石膏是一种以硫酸钙 $CaSO_4$ 为主要成分的气硬性胶结材料。它也是应用最广泛的相似材料的胶结材料,用石膏作为主要胶结材料制成的相似材料具有凝固快、达到稳定强度时间短、制作方便等特点。用石膏作为胶结材料制成的相似材料一般用来模拟具有脆性破坏特征的原型材料。

模型石膏和适量的水拌和后,最初形成可塑的浆体,但很快就失去了塑性并产生了强度,且发展成为坚硬的固体。对于以石膏作为胶结材料的相似材料,在确定用水量时,应遵循如下原则:在满足其他要求的前提下,尽量减小用水量,因为石膏硬化后,多余水分的蒸发将在相似材料中留下孔隙,使相似材料的孔隙率增加,当用其来模拟岩石材料时,就可能使孔隙率满足不了相似的要求,因为岩石材料的孔隙率通常较小。另外,在石膏凝结和硬化初期,其体积略有膨胀(约为1%),但在进一步硬化和干燥时,其体积会略有收缩,上述现象随用水量的增加而更加显著,因而对相似材料的力学性质产生影响。

2.水泥

水泥也是常用的胶结材料,属于水硬性材料。用水泥作为相似材料胶结材料的特点是:它可配得强度变化范围广的相似材料,且相似材料制作工艺简单,但其硬化时间长、力学性质持续变化,且力学性能受温度的影响,这些都是在选择水泥作为胶结材料时应考虑的因素。用水泥作为胶结材料制作出的相似材料,一般具有明显的脆性特征,但其抗压强度和抗拉强度的比值通常大于以石膏为胶结材料的相似材料。

3.黏土

黏土是由碎屑颗粒(砂粒和黏粒,其主要成分是石英)和黏土矿物细分散颗粒组成的。黏土矿物细分散颗粒基本上由黏土矿物组成,其中分布广泛的有水云母、蒙脱石、高岭石、混层矿物和绿泥石。黏土的多数性质如高亲水性、塑性、膨胀性、离子交换性等均与黏土矿物有关。

黏土类土的形成条件影响其物理力学性质。物理性质中以黏土类土固体部分的密度指标变化最小,其值变化在 $2.53 \sim 2.858$ g/cm^3。作为平均值,亚黏土 2.71 g/cm^3,黏土 2.749 g/cm^3。黏土的密度和孔隙度指标变化最大,其密度可变化于 $1.30 \sim 2.20$ g/cm^3,孔隙度介于 $22\% \sim 70\%$,孔隙比介于 $0.30 \sim 2.2$。

黏土的力学性质及变形性能用强度来表征。总的说来,黏土具有极高的变形性和较低的强度。当用作相似材料的胶结材料时,通常的做法是烘干,制成粉状或颗粒状,其颗粒细度随具体情况而变,随后将其和充填料混合,再加水拌和后成型。

3.3.2.2　充填材料

相似材料中充填材料的作用类似于混凝土中的骨料。充填材料是相似材料中胶结料胶结的对象。其物理力学性质对相似材料的性质也有重要影响,在选择充填材料时,主要考虑的是其物理力学性质及材料的颗粒尺寸及级配。最常用的充填材料是石英砂以及由岩块粉碎而成的岩粉或岩粒,粉煤灰,灰渣也常用作充填材料。

1.砂

砂是岩石风化后所形成的大小不等、由不同矿物散粒组成的混合物,一般为河砂,主要成分为二氧化硅。对于用作相似材料充填材料的砂,通常有下列要求:砂作为充填材料时,其粗细及级配是必须首先考虑的因素。砂的粗细及级配应根据所模拟的原型材料中颗粒的尺寸及级配而定,这样才能给模型材料和原型材料力学性质的相似创造条件。

2.岩粉和岩粒

在配制模拟某种岩石的相似材料时,常将同种类型的岩石粉碎成岩粉或岩粒,作为充填材料,特别是模拟石灰岩、页岩、泥页等颗粒很细的岩石时,更是如此。因为采用砂作为充填材料时,级配及细度很难满足要求,且砂粒的力学性质与原岩晶体颗粒的力学性质又有所差异。用岩粉或岩粒作充填材料时,最重要的是根据需模拟的原岩结构特征确定岩粉或岩粒的尺寸和级配。

3.3.2.3　水

在配制相似材料时,对水质的要求是主要离子的浓度不能太高,应符合相似材料原料(特别是胶结材料)对水质的要求,如要求水的酸碱度呈中性等。在配制相似材料时,一般使用饮用水或工业用水即可,但在某些特殊情况下,如使用特殊水源的水,或采用特殊的相似材料原料;则应对所用水的质量进行化验,保证水的质量,以配制出符合要求的相似材料。

3.3.2.4　添加剂

广义地说,相似材料原料中除胶结材料、充填材料及水外,均属添加剂,根据添加剂的作用,可将其分为下列几类。

1.增密剂

增密剂的作用在于增加相似材料的密度,满足密度相似条件的要求。常用的增密剂有铁粉、重晶石粉、铅丹、磁铁矿粉等。

2.减密剂

使用减密剂目的在于减小相似材料的密度。常用的减密剂包括锯末、浮石、泡沫聚苯乙烯颗粒等,在选用减密剂时,主要应考虑相似材料所需密度、减密剂对用水量的影响、相似材料孔隙比等要求。

3.缓凝剂

在使用石膏作胶结材料或主要胶结材料时,常需使用缓凝剂。使用较多的缓凝剂包括硼砂、磷酸氢二钠、动物胶、柠檬酸等。这些材料的化学结构一般较复杂。硼砂通常是白色晶体,呈颗粒状或粉末状,较易溶于水。磷酸氢二钠,无色,易溶于水,水溶液呈酸性,在空气中能结块,应注意防潮。在使用缓凝剂时,应首先确定其用量与缓凝效果的关系,然后根据相似材料配比及有关制作条件确定缓凝剂的用量。

考虑到本项目模型对材料有大变形的要求,主要选用黏土、高岭土、水泥、石膏、甘油、黄油水等材料进行配制。

3.3.3　相似材料的配制

本次模型试验共选用两种相似材料。第一种相似材料为预备模型试验使用,其配合比为砂:高岭土=2:1,甘油、水分别为砂和高岭土总重量的1/9、1/15。第一种相似材料制作大模型时,存在夯实困难,凝固时间较长等问题,为此重新配比。第二种相似材料的配合比为水:水泥:黏土:砂=1.3:1:4:20,经试验满足大变形要求,在侧压比0.5的毛洞试验和锚杆加固的模型试验中使用。

3.3.3.1 小试件制作

相似材料试验采用小试件为圆柱,其直径 50 mm、高 100 mm,采用人工分层夯实成型。小试件制作过程具体要求如下所述。

1.称料

对配合比中用量较大的料,如砂、高岭土、黏土、水等,利用磅秤称量;对于用量较少料,如甘油,利用电子天平称量(控制精度 0.01 g)控制配合比的精度。

2.拌和

拌和过程中注意放料顺序。先放充填料,如砂,次之黏结料,如黏土、高岭土、水泥、黄油等,把固体料拌匀。胶结材料的颗粒尺寸通常比充填材料的颗粒尺寸要小得多,如果先放胶结材料,再加充填材料,细粒的胶结材料沉在粗粒的充填材料下面,混合料较难拌匀。把甘油放入水中搅拌均匀,再加入拌匀固体料中。拌和料要求颜色均匀,不出现球状和团状物。为防止拌和过程中水分损失,拌和在铁板上进行。

3.成型方法

试件成型采用人工分层夯实。称量每个试件所需料的重量,分成相等的 3 份,分 3 层夯实,每次放 1 份料。夯实完一层,把表层刷毛,以利于与下层结合。第三层夯实加上备用套环,保证最上层夯实均匀。

4.去模、养护

取出备用套环,试件表面找平。由于本次相似材料大变形的特殊要求,去模困难,容易使试件掉块、破裂。去模时用小锤轻轻敲击模具的侧壁和底座,打开模具,小心地把试件取出,称重,并置于空气中养护 7 d 后试验。试验模具及部分试件如图 3-4 所示。

图 3-4 试验模具及部分试件

相似材料物理力学参数测定的目的主要包括三个方面。第一,为其物理力学参数的调控提供依据。为了调控相似材料的性能,必须先测出已配制成的相似材料的有关参数值,据此求得与欲配制的相似材料性能的差异,再采用有关调控措施,重新配制相似材料。为了配制出符合要求的相似材料,上述过程可能要重复多次。第二,小尺寸模型的物理力学参数的确定。配制好相似材料之后,需制作相似材料模型。由于尺寸效应等因素的影响,相似材料模型与相同条件(包括配比、成型及养护方式等)的相似材料试件的物理力学参数可能有所差异。为了保证模拟试验结果的可靠性,通常需测定相似材料模型的性能。当模型尺寸较小,或用来制作块体模型的是小砌块时,可在有关试验设备上直接进行物理力学性质的测定。第三,大尺寸模型物理力学参数的确定。当相似材料模型尺寸较大时,无法进行直接测定,常采用间接测定法。间接测定法按试件获取方法不同可分为钻取试件法和切割试件法。对于大尺寸整体模型可采用取岩芯钻机钻取试件,测定试件的物理力学性质。

3.3.3.2 相似材料物理力学性质

本项目对相似材料物理力学性质试验主要采用直接制样的试件。

1.相似材料的强度

1)抗压强度

材料的抗压强度通常是以试件破坏时的总荷载除以整个受压面所得的平均应力来表示,见式3-7。试验前称量试件的质量、高度和直径,应特别关注上下加压面的平整度。

$$\sigma_c = \frac{P}{S} \tag{3-7}$$

式中:σ_c 为单轴压缩强度,MPa;P 为破坏荷载,kN;S 为受载面积,mm^2。

试验时,每组试件的数目取 3~7 个,取其平均值作为试验结果,以保证结果的可靠性。

试验仪器采用河南省岩土力学与结构工程重点实验室的 RLJW-2000 微机控制岩石三轴、剪切流变仪,设备见图3-5。

仪器性能指标为:最大负荷 2 000 kN;最小测力范围 20 N;轴向位移测量范围 0~10 mm;径向位移测量范围 0~5 mm;变形测量精度±0.5%;围压 0~60 MPa。试件尺寸为 ϕ 50 mm×100 mm。试验可实时、同步测量应力(力)、应变(位移)等指标并以图形显示。

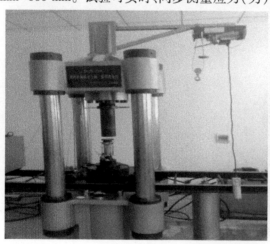

图 3-5 试验装备及测试系统

相似材料 P1-S 和相似材料 P2-S 的单轴抗压强度见表3-1,其值分别为 0.65 MPa 和 0.95 MPa。

表 3-1　两种选用配合比的单轴抗压强度结果

编号	配合比	单轴抗压强度(MPa)	备注
P1-S	砂：高岭土为 2：1,甘油、水分别为砂和高岭土总重量的 1/9、1/15	0.65	
P2-S	水：水泥：黏土：砂＝1.3：1：4：20	0.95	

2) 抗剪强度

确定材料的抗剪强度指标采用三轴压缩试验。先设定一围压 σ_3,然后施加偏应力直至试件破坏,得到破坏时主应力 σ_1;改变围压的大小,得到相对应的最大主应力。在以 σ 为横坐标,τ 为纵坐标的坐标系中,画出以 $(0, \frac{\sigma_1+\sigma_3}{2})$ 为圆心,以 $\frac{\sigma_1-\sigma_3}{2}$ 为半径的若干个应力圆,作出若干应力圆的公切线。这样,该切线与纵坐标轴交点的纵坐标就是黏聚力,切线与横坐标轴的夹角就是内摩擦角。

相似材料 P1-S 和 P2-S 的抗剪强度指标见表 3-2。相似材料的试验结果表明,相似材料 P1-S 和 P2-S 的黏聚力、内摩擦角分别为 0.19 MPa、36.29° 和 0.32 MPa、33.75°,其莫尔包络线分别见图 3-6 和图 3-7。

表 3-2　两种选用配合比的抗剪强度指标

编号	配合比	黏聚力(MPa)	内摩擦角(°)
P1-S	砂：高岭土＝2：1,甘油、水分别为砂和高岭土总重量的 1/9、1/15	0.19	36.29
P2-S	水：水泥：黏土：砂＝1.3：1：4：20	0.32	33.75

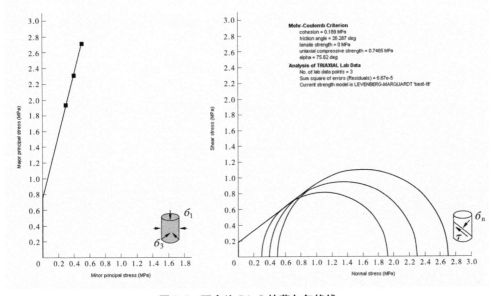

图 3-6　配合比 P1-S 的莫尔包络线

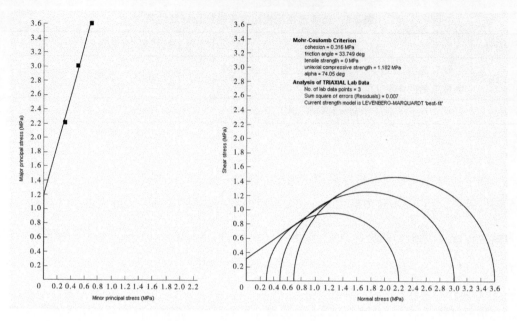

图 3-7　配合比 P2-S 的莫尔包络线

2.模拟材料的变形特征分析

1)单轴压缩轴向应力应变曲线特征分析

相似材料的试件单轴压缩轴向应力应变曲线特征如下:加载初期,轴向应变随轴向力增加线性上升,但线性阶段非常短,而后表现为弯曲上升,到达一定阶段后,随着轴向继续加载,轴向力几乎保持不变,而轴向应变继续增加,即轴向应力应变曲线平行于应变轴,没有明显的峰值点。过峰值点后,轴向应力应变曲线的应力缓慢减小,应变继续增加,但是应变速度基本稳定,应力减小的速度较小,形状表现出缓慢下降的非线性关系,没有出现明显应力减小、应变增大的现象,并以此缓慢向应变轴偏移。相似材料配合比 P1-S 和 P2-S 均表现为该类似特征,见图 3-8 和图 3-9。根据图 3-8 和图 3-9 分别求得其弹性模量和泊松比为 70 MPa、0.32 和 205 MPa、0.28。

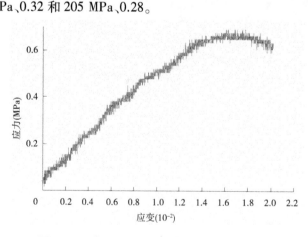

图 3-8　配合比 P1-S 的单轴压缩应力应变曲线

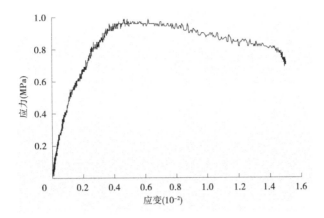

图 3-9　配合比 P2-S 的单轴压缩应力应变曲线

2）三轴压缩试验轴向应力应变曲线特征分析

相似材料试件三轴压缩试验下轴向应力应变曲线特征和单轴情况下分布特征类似，加载初期，轴向应变随轴向力增加线性上升，但线性阶段更短，而后表现为弯曲上升，弯曲段较单轴试验下更长，弯曲程度更大，到达一定阶段后，随着轴向继续加载，轴向力几乎保持不变，而轴向应变继续增加，即轴向应力应变曲线几乎平行应变轴，没有明显的峰值点。经过近直线段后，应力缓慢下降，而应变则继续增加，曲线开始向应变轴弯曲。相似材料配合比 P1-S 和 P2-S 均表现出类似特征，见图 3-10 和图 3-11，只是配合比 P1-S 应力应变曲线中没有下降段。

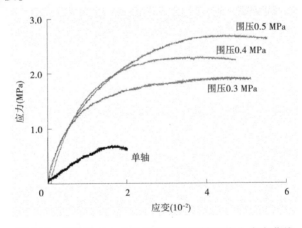

图 3-10　配合比 P1-S 的不同围压下轴向应力应变曲线

3.3.3.3　实际软岩的变形特征分析

图 3-12 来自廖红建、盛谦在《岩石力学与工程学报》中文章"基于统一强度理论的软岩损伤统计本构模型研究"的成果（2006 年第 25 卷第 7 期）。该强风化膨胀性泥岩分布广西南宁地区，取样表层 4 m，属于软岩。

图 3-13 为郭富利、张顶立、苏洁等在《岩石力学与工程学报》中文章"地下水和围压对软岩力学性质影响的试验研究"的成果（2007 年第 26 卷第 11 期）。岩性为炭质页岩，位于宜万铁路堡镇隧道高地应力大变形区，单轴抗压强度 3.9~9.1 MPa，属于软岩。

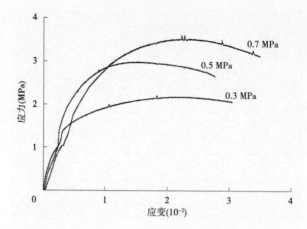

图 3-11　配合比 P2-S 的不同围压下轴向应力应变曲线

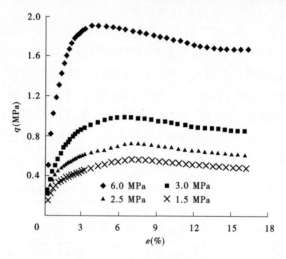

图 3-12　广西南宁地区的强风化膨胀性泥岩的偏应力应变曲线

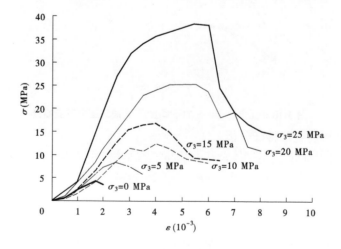

图 3-13　宜万铁路堡镇隧道炭质页岩不同围压下应力应变曲线

图 3-10 和图 3-12,图 3-11 和图 3-13 变形特征类似。图 3-10 和图 3-12 为软岩在上升段和近水平段的不同围压下应力应变曲线,图 3-11 和图 3-13 为软岩在上升段、近水平段及下降段的不同围压下应力应变曲线。

综上所述,配合比 P1-S 和 P2-S 可以作为模拟软岩的相似材料,其变形特征、强度等均符合相似的要求。

3.3.3.4　相似材料配制过程简介

由于大变形相似材料配制的文献较少,其配制过程复杂,试验次数多。预备模型试验的相似材料配合比 P1-S 配制经历 3 个阶段:第一阶段主要选择符合大变形要求的相似材料的原料,共进行 8 组原料组合方式,每组方式下设 2~6 种配合比,共完成 28 种配合比制样和单轴、三轴试验等,初步选定高岭土、砂、甘油作为相似材料的原料。第二阶段寻找初步的配合比,在第一阶段基础上,依据正交设计,完成 9 种配合比的试验工作。第三阶段优化配合比设计,完成 3 种配合比试验工作。选定配合比 P1-S,即砂∶高岭土为 2∶1,甘油、水分别为砂和高岭土总重量的 1/9、1/15。由于配合比 P1-S 在制作大模型时,出现制模困难、凝固困难等问题,用其完成模型试验称为预备模型试验。故进行二次相似材料试验,共完成 3 种配合比的制样和物理力学试验工作,选定配合比 P2-S,即水∶水泥∶黏土∶砂 = 1.3∶1∶4∶20。

相似材料配合比过程详细情况如下所述。

1.预备模型试验相似材料的配制

1）第一阶段

主要目的为寻找符合大变形的原料,具体材料组合方式如下:

（1）第 1 组:砂+石膏+高岭土+水+甘油。

①砂胶比 2∶1,其中石膏∶高岭土为 0.3∶0.7,水为总质量的 1/10,甘油为总质量的 1/20。

②砂胶比 1∶1,其中石膏∶高岭土为 0.3∶0.7,水为总质量的 1/10,甘油为总质量的 1/20。

（2）第 2 组:砂+纯黏土+水+甘油。

①砂胶比 2∶1,水为总质量的 1/15,甘油为总质量的 1/50。

②砂胶比 1∶1,水为总质量的 1/15,甘油为总质量的 1/50。

③砂胶比 3∶1,水为总质量的 1/15,甘油为总质量的 1/40。

④砂胶比 1∶1,水为总质量的 1/20,甘油为总质量的 1/20。

⑤砂胶比 3∶1,水为总质量的 1/20,甘油为总质量的 1/20。

⑥砂胶比 2∶1,水为总质量的 1/15,甘油为总质量的 1/40。

（3）第 3 组:砂+纯黏土+石膏+水+甘油。

①砂胶比 2∶1,其中纯黏土∶石膏为 0.6∶0.4,水为总质量的 1/15,甘油为总质量的 1/40。

②砂胶比 3∶1,其中纯黏土∶石膏为 0.6∶0.4,水为总质量的 1/20,甘油为总质量的 1/20。

③砂胶比 1∶1,其中纯黏土∶石膏为 0.6∶0.4,水为总质量的 1/20,甘油为总质量的 1/20。

（4）第 4 组：砂+石膏+水+甘油。

①砂∶石膏 2∶1,水为总质量的 1/10,甘油为总质量的 1/30。

②砂∶石膏 3∶1,水为总质量的 1/10,甘油为总质量的 1/30。

③砂∶石膏 4∶1,水为总质量的 1/10,甘油为总质量的 1/30。

（5）第 5 组 砂+纯黏土+水。

①砂胶比 2∶1,水为总质量的 1/10。

②砂胶比 1∶1,水为总质量的 1/15。

③砂胶比 3∶1,水为总质量的 1/15。

（6）第 6 组 砂+高岭土+水（甘油）。

①砂胶比 2∶1,水为总质量的 1/15。

②砂胶比 2∶1,甘油为总质量的 1/15。

③砂胶比 1∶1,水为总质量的 1/10。

④砂胶比 1∶1,甘油为总质量的 1/10。

⑤砂胶比 3∶1,水为总质量的 1/10。

（7）第 7 组：砂+纯黏土+黄油+水。

①砂胶比 1∶1,水为总质量的 1/15,黄油为总质量的 1/30。

②砂胶比 2∶1,水为总质量的 1/20,黄油为总质量的 1/30。

③砂胶比 3∶1,水为总质量的 1/20,黄油为总质量的 1/30。

（8）第 8 组：砂+高龄土+黄油+水。

①砂胶比 1∶1,水为总质量的 1/10,黄油为总质量的 1/30。

②砂胶比 2∶1,水为总质量的 1/10,黄油为总质量的 1/30。

③砂胶比 3∶1,水为总质量的 1/15,黄油为总质量的 1/30。

根据试验结果,上述单轴压缩应力应变曲线可分为两类,第一类没有显著峰值点,第二类具有显著峰值点。第一类主要有第 1 组第②种配合比、第 6 组按第②、③种配合比;而其余则为第二类。

第一类应力应变曲线符合大变形的特征,即不出现明显的峰值点,峰值应变较大,故选择第 6 组原料的组合方式作为相似材料的原材料,即选择高岭土、砂、甘油和水。

2）第二阶段

第二阶段初步选定原料的配合比。根据第一阶段结果,把砂胶比（砂与高岭土之比）、甘油和水作为配合比三个主要影响因素,每个因素赋予三个水平,每个因素下的水平（见表 3-3）进行正交试验设计（见表 3-4）。

根据试验安排,进行单轴及三轴试验。试验结果表明,9 种配合比下的应力应变曲线特征均具有塑性变形特征,且峰值应力对应的峰值应变均较大,一般在 2% 以上,其中以配合比 F 塑性变形最为明显,没有出现明显的峰值应力。

表 3-3　每个因素下的水平

砂胶比(砂:高岭土)	甘油/(砂+高岭土质量)	水/(砂+高岭土质量)
1:1	1/15	1/10
2:1	1/20	1/15
3:1	1/25	1/20

表 3-4　正交试验设计

配合比编号	砂胶比	甘油	水
A	1:1	1/15	1/10
B	1:1	1/20	1/15
C	1:1	1/25	1/20
D	2:1	1/15	1/15
E	2:1	1/20	1/20
F	2:1	1/25	1/10
G	3:1	1/15	1/20
H	3:1	1/20	1/10
I	3:1	1/25	1/15

3) 第三阶段

根据相似材料配合比的初选方案,以配合比 F 为基础进行配合比优化设计,目的是确定配合比中水和甘油的含量,来达到相似材料所需的强度、凝固时间。配合比设计中固定砂胶比(砂与高岭土之比)为 2:1,选取水为砂胶质量的 1/9 和 1/10,选取甘油为砂胶质量的 1/15 和 1/18,具体试验方案见表 3-5。

表 3-5　优选的配合比设计方案

编号	砂胶比(砂:高岭土)	甘油/(砂+高岭土质量)	水/(砂+高岭土质量)
a(P1-S)	2:1	1/9	1/15
b	2:1	1/10	1/15
c	2:1	1/9	1/18

试验结果表明,配合比 a 曲线塑性变化特征最为显著,且其峰值应力对应的应变也最大,达 2%,单轴强度 0.65 MPa 也可满足模型试验的要求,故选取配合比 a 作为预备模型试验的相似材料配合比。

2.正式试验的相似材料的配制

利用水泥、黏土、砂和水,试配 3 种配合比,具体配合比见表 3-6。

表3-6　第二次配合比设计

配合比	水：水泥：黏土：砂	备注
Ⅰ	2：1：4：20	
Ⅱ	1.5：1：4：20	均为质量比
Ⅲ(P2-S)	1.3：1：4：20	

试验结果表明,3种配合比曲线均表现出塑性变形,没有明显的峰值点。考虑到模型夯实制作方便和模型凝固时间,类似力学指标下用水量越少,则大模型制作和凝固时间均更为方便,故选择配合比Ⅲ作为正式模型试验的相似材料,重新编号为P2-S。

3.4　模型体制作

本次试验模型全部采用人工分层夯实成型。模型体制作主要步骤有试验准备、拌料、分层夯实、量测系统的布置、开洞和锚杆的安装等。模型体制作工作详述如下。

3.4.1　准备工作

准备工作主要包括模型试验仪器、拌和原料及操作工具准备等。模型试验仪器准备主要内容有岩土多功能试验机检测,观察油压、表盘及压力加载器工作性等。首先仪器调整为水平放置,加上底部约束钢梁和3 cm厚的钢板,开始调试仪器。重点观测均布压力加载器活塞进出快慢的一致性,进行多次空载的加压卸压试验,对进出严重滞后的活塞加润滑油处理。

底部钢板表面铺设两层四氟乙烯薄膜,要求厚层四氟乙烯紧贴钢板,薄层置于其上,每层铺设时光滑面均朝上。四氟乙烯薄膜放置是为了减少加载时钢板和模型之间的摩擦。

侧边四周钢板(3 cm厚)安装就位,使得钢板和上下均布加载器活塞的垫块紧密接触。其上也放置两层四氟乙烯薄膜,铺设方式与底部钢板上的四氟乙烯膜一致。

原料和工具准备主要是材料到位,找到拌和一定数量原料的工具,如称量工具,磅秤称用量大的材料,电子天平称用量小的材料,并购置称料的合适盛放器皿,这样可以加快称料的速度,加快试验进度。

3.4.2　拌料

根据每层虚填料3 cm要求,分批称料、拌和。考虑到人工拌料均匀性,每层料分3次称料,在三块铁皮上分别拌和。拌和要均匀,要求拌和料不结块,不成团,颜色均匀。

3.4.3　分层夯实

每层夯实分4步,填料摊铺整平、初夯、重夯、找平。每层填料摊铺后,先用长条钢板把料摊铺均匀;用锤初夯一遍,要求力道要轻,使得夯实表面平整;再用力夯实一遍;然后用平直钢板检验表面的平整度,力求每层夯实表面平整,不平整之处,高则刮除,低则补料。图 3-14 为完全夯实后的模型。

图 3-14　夯实后的模型

3.4.4　层面打毛

为了使两层之间胶结良好,下一层上料前,用钢毛刷打毛上一层表面。打毛过程中注意打毛厚度和均匀性,要求厚 3~5 mm。

3.4.5　变形量测设备的埋置

模型制作厚度达到一半时,开始布置变形量测设备。首先确定测量点的位置,然后埋上设备并使钢导线从多功能试验机的孔中引到模型外。

3.4.6　继续分层夯实

布置完量测设备后,重复拌料、分层夯实、层面打毛步骤,继续分层夯实直至模型完全制作完毕。

3.4.7　模型试验上部侧限装置的吊装

制作完模型后,其上先放置两层四氟乙烯薄膜,铺设方式和底部钢板上的四氟乙烯膜一致。此时要注意开洞的位置,并单独放置与洞等面积的四氟乙烯膜。四氟乙烯膜上放置 3 cm 厚侧限钢板,同样注意单独放置与开洞同样大小的钢板。其上放置 7 根钢梁,每根钢梁两端各用两根销钉固定,使得模型在试验过程中不产生侧向变形,注意在开洞部位单独放置约束该部位短钢板,保证未开洞前模型施加初始地应力时,开洞部位不产生变形,同时开洞时可以顺利去掉约束钢板。

3.4.8　量测设置的安装

把引出的钢导线连接到电子位移计,把电子位移计连接到应变采集仪上,并在钢导线下吊重锤,使得钢导线完全伸直,并释放由锤重引起的变形。

3.4.9　开洞和锚杆的安装

模型边界上大主应力施加初始应力 0.10 MPa 后,卸除需开挖部位约束,准备开挖洞室。模型的洞室成型采用自制工具人工开挖,每次进尺 10 cm。开挖一段后,测试开挖引起的变形。开挖时,先挖除洞室圆心附近模型材料,再开挖洞壁附近模型材料,开挖到预定部位后,清理底部和洞周,使得洞室形状规整,底部平滑。测试每次开挖对围岩变形的影响。开挖过程中要严格控制每次开挖量,不可超出洞壁的范围和每次开挖的深度。

锚杆采用直径 3 mm 的纯铝丝模拟。锚杆施工工艺主要包括锚杆孔的定位、造孔、注浆。

3.4.9.1　锚杆的定位

为准确确定锚杆的位置,用薄铁皮卷成和洞室同样直径圆筒,取出铁皮并展平,在铁皮上确定每个锚杆孔的准确位置,然后把带有孔位铁皮圆筒放入已开挖的洞室中确定锚杆孔的位置。本次试验共布置 5 排锚杆孔,锚杆孔两边距离模型边界各 10 cm,每排间距 5 cm。每排设置 12 根锚杆,均匀布置,每根锚杆长 30 cm。

3.4.9.2　造孔

焊制专门钻头,要求造孔直径 5~8 mm。钻进采用特制仪器,利用钢导管中间穿入一软钢导线,软钢导线一端和钻头相连,另一端从钢导管引出并和一手风钻相连,由其旋转并带动钻头转动。钢导管既可控制钻孔的位置,又可控制钻孔的方向,使其不发生偏斜。钢导管同时可以作为气压的通道,利用气压吹走钻出料渣,锚杆造孔施工示意如图 3-15 所示。

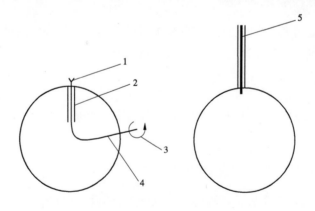

1—钻头;2—钢导管;3—手电转;4—可弯曲的钢导线;5—铝丝

图 3-15　锚杆造孔施工示意图

3.4.9.3　注浆

造孔后插入锚杆和垫片,其中垫片中设有一小孔,中间插入一塑料软管,利用注射器注入石膏浆,待石膏浆硬化后,安装锚杆上螺母(制造锚杆时首先造丝,并选用合适的垫片及螺母)。锚杆注浆如图 3-16 所示。

本次试验模型制作过程存在的主要问题有制作过程模型侧边钢板的倾斜变形和夯实后表面平整度。其解决方法详述如下:

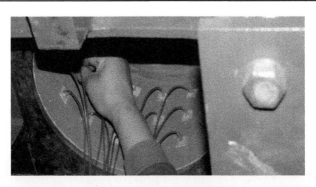

图 3-16 锚杆注浆示意图

（1）模型制作过程侧边钢板的倾斜变形。由于模型制作过程岩土多功能试验机为水平放置，侧边钢板仅靠透明胶带和均布加载器的活塞垫块相接触，模型自下而上逐层夯实，在模型材料的挤密和锤的夯实作用下，致使钢板底部向外侧倾斜，上部向内侧倾斜。这个问题主要存在模型下半部分的制作过程。该问题主要由于钢板和活塞垫块接触不紧，同时模型材料为散体的固体，夯实过程中下部受到向外推力，而上部没有受力所致。针对这个问题，在下半部分模型制作过程中，尤其在模型靠近钢板的夯实过程中，可用力使钢板和活塞的垫块完全接触，阻止钢板底部向外变形。

（2）夯实后模型表面平整度问题。由于模型的尺寸较大，表面尺寸为 160 cm×160 cm，仅靠肉眼估算不能保证表面的平整度。为控制表面的平整度，每次上料的数量要严格控制，保证每层用料相同。夯实分四步进行，填料后摊铺均匀，并用平直钢板把料表层刮平，轻夯一遍，使得表面平整；第二遍每个部位夯实的级数和锤的高度要一致；然后找平，刮除凸起部分，填料于凹陷部分并夯实；最后用一长 160 cm 平直钢板检验其平整度，如钢板一端上升或下降、中间和模型有空隙，继续找平，直至钢板完全和试样表面完全接触。

3.5　量测方法

本次模型试验主要量测模型的应力及开挖后洞周的位移。位移量测主要针对大变形问题，一般量测手段，如贴应变片法，很难满足要求。大变形的量测主要困难为量测大变形的设备及测试仪器的埋设位置和方式。本次试验采用模型内部埋设仪器，用钢导线引出到模型外部，并与电子位移计连接，采用应变采集仪来记录电子位移计的变形数据。

3.5.1　洞周位移量测布置

本项目的地质力学模型试验主要采用圆形洞室，形状规则对称，故位移测点主要布置两个主应力方向。考虑到大变形特征，位移量测点按照非均匀布置，距离洞壁近的部位布置测量点密集。测点具体布置见图 3-17，以南北向测量点为例，详细说明。5 个测点距离圆形洞室中心分别为 18 cm、21 cm、26 cm、38 cm 和 53 cm（开挖后测点距离洞壁长度分别为 3 cm、6 cm、11 cm、23 cm 和 38 cm），考虑模型的对称性及钢导线的相互干扰，南北方向分别布置测点，即开挖洞室的南部方向布置 3 个测点，即 S1、S2 和 S3，北部布置两个测点 N1、N2。测点 S1、S2 和 S3 距离开挖洞室圆心 O 距离为 18 cm、26 cm 和 53 cm，N1 和 N2 距离圆心 O 距离为 21 cm 和 38 cm。同样东西方向测点 E1、E2、E3,W1、W2 布置和南北方向一致,其中 E1 代表东部 1 号测点,W1 表示西部 1 号测点。以东西方向测线为基准,逆时针方向旋转为正, 设置 θ 角。θ 为 0°方向时为侧压方向,θ 为 90°方向时为主应力作用方向。

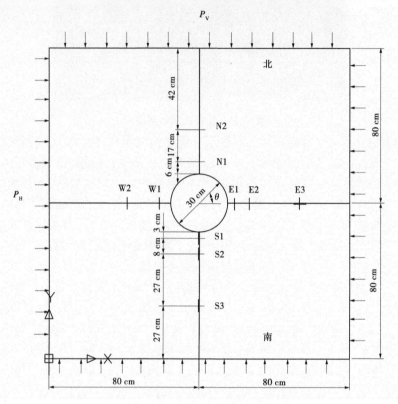

图 3-17　洞周位移测量点布置

3.5.2　洞周位移量测方式

　　考虑到本次模型试验为平面模型,故应把变形采集点布置在模型的中间剖面上,测量 点埋设要求既能反映模型介质移动,又不能转动,同时不能显著改变埋设点附近模型介质 的物理力学性质。基于以上因素,选择长 4 cm,粗 2 mm 的铁钉,砸扁,埋置在模型的中间 剖面上,并用钢导线引出,如图 3-18 所示。

　　钢导线选取要求为在一定的重量下不产生较明显的徐变,不随温度的变化产生较大 的变形。为此,选取直径 1 mm、长 1 m 的钢导线,在 0.7 kg 的重锤下,持续观察 5 d,其变 形如图 3-19 所示。

　　试验结果表明,钢导线在重锤加载的瞬间有较大的变形,达 0.370 mm,0.5 h 后产生 0.293 mm 的伸长,此后 4 d 多时间内,钢丝不再产生变形。即钢丝在 0.7 kg 重锤作用下, 只在初始半个小时内产生较大变形,此后,时间对变形没有影响,昼夜温差的变化对变形 也没有影响。

　　故可采用直径 1 mm 细钢丝作为引导线,为克服初始重锤对变形的影响,可在试验前 3 h 加重锤。模型试验中为克服钢导线和模型材料的摩擦,用细塑料管套上钢导线,并注

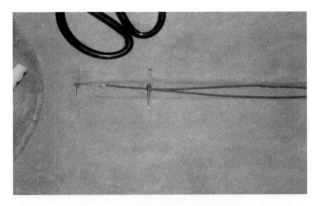

图 3-18　大变形量测设备及埋设

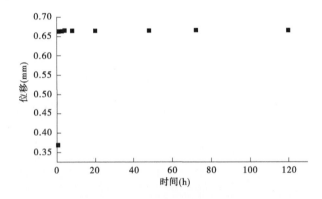

图 3-19　钢丝在重锤下变形曲线

入润滑油。引出的钢导线和电子位移计相连,位移计的量程为 50 mm,精度为 0.005 mm。为保证钢导线不旋转和左右移动。在厚 3 cm 的钢板上分别钻 4 个对称的圆柱孔,直径 30 mm,并置入相对应尺寸的圆柱,为减少圆柱和孔的摩擦,圆柱体侧面涂上润滑油,圆柱两端各放置带丝扣的螺钉,分别接钢导线和重锤,其上固定电子位移计。设计的装置见图 3-20。

图 3-20　位移计和钢导线的连接

3.6　加载方法

利用 YDM-D 型岩土工程多功能试验机开展模型试验的超载试验,试验加载采用分级加载方法,同时利用应变采集箱记录应力和位移数据。

YDM-D 型岩土工程多功能试验机的均布压力加载器的整体出力与油压的回归直线方程为

$$q = 0.036\ 6p + 0.181\ 4 \tag{3-8}$$

式中:q 为油压,表盘数,MPa;p 为单个均布压力加载器整体出力,kN。

油路压力通过压力传感器在应变采集系统直接以应变显示,实现与油压同步显示、同步校核。模型试验时,先施加地应力,然后开洞,分级加荷,由于油压表盘的最小刻度为 0.2 MPa,即可以控制油压精度为 0.2 MPa。加载每级压力设定 0.5 MPa,接近破坏每级压力设定为 0.2 MPa,具体每级加载压力见表 3-7。

表 3-7　模型试验加载安排(侧压比 $N = 0.5$)

加载要求	主应力(MPa)		侧压(MPa)		备注
	设定值	表盘读数(第Ⅷ表盘)	设定值	表盘读数(第Ⅱ、Ⅲ、Ⅳ、Ⅴ、Ⅵ、Ⅶ表盘)	
初始地应力	0.10	0.60	0.050	0.38	
超载	0.15	0.80	0.075	0.48	
	0.20	1.01	0.100	0.58	
	0.25	1.22	0.125	0.68	
	0.30	1.43	0.150	0.78	
	0.35	1.63	0.175	0.88	
	0.40	1.84	0.200	0.98	
	0.45	2.05	0.225	1.08	
	0.50	2.26	0.250	1.18	
	0.55	2.46	0.275	1.28	
	0.60	2.67	0.300	1.38	
	0.65	2.88	0.325	1.48	
	0.70	3.09	0.350	1.58	
	0.75	3.30	0.375	1.69	
	0.80	3.50	0.400	1.78	

3.7　结果分析

本次共完成 3 次模型试验,第一次为预备模型试验,毛洞,侧压比为 1;第二次为侧压比为 0.5 的毛洞模型试验;第三次为侧压比为 0.5 的锚杆加固模型试验。

3.7.1　预备模型试验结果分析

3.7.1.1　测点荷载位移关系曲线分析

单个位移测量点荷载位移曲线见图 3-21～图 3-25。由于预备模型试验侧压比为 1,且所开挖洞室为圆形,故大小主应力方向测量点的变形一致,对其结果分析取 θ 等于 90°方向的测量点变形结果进行分析。

试验结果表明,单个测点荷载位移曲线图总体的规律为:加载初期较短的直线上升段,弯曲上升段和近似平行位移轴的直线段。不同之处在于测量点距离开挖洞壁越近,则同样的应力下位移越大。测量点 S1 位移(向洞室方向)随外部荷载增大而增大,当荷载较小时,呈线性增长的趋势,随荷载增加,线性增加特征很快转化为曲线增长,接近 0.7 MPa 作用力下,荷载作用力达到最大,而此时变形继续增长,变形可达 6.85 mm。测量点 N1 位移(向洞室方向)随外部荷载增大而增大,在外部荷载 0.3 MPa 以下,位移随荷载增加线性增长,超过该荷载后,转变为曲线增长,接近 0.7 MPa 作用力下,荷载作用力接近最大,此后应力几乎不再增长,变形则继续增长,变形可达 5.6 mm。测量点 S2 位移(向洞室方向)荷载曲线在应力较小(0.2 MPa 以下)存在初始压密弯曲段,此后呈线性增长,当外部荷载超过 0.6 MPa,曲线转变为弯曲,接近 0.7 MPa 作用力下,荷载作用力几乎不再增长,而变形持续增大,可达 5.3 mm。测量点 N2 总体的变形规律和 N1 相似,但位移值较小,最大位移仅为 0.3 mm。测量点 S3 变形很小,其位移值和测量仪器的精度大小相当,认为该点在外部作用力下几乎不产生位移。

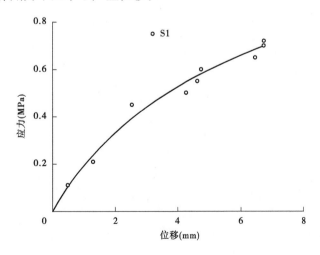

图 3-21　测点 S1 的荷载位移曲线

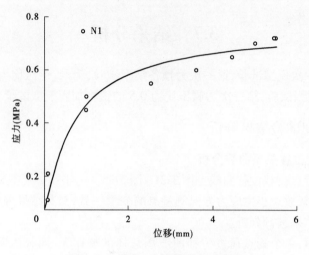

图 3-22　测点 N1 的荷载位移曲线

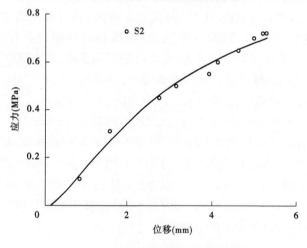

图 3-23　测点 S2 的荷载位移曲线

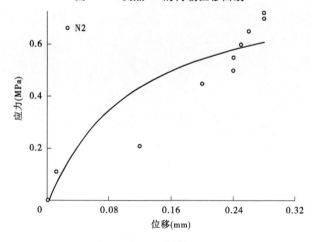

图 3-24　测点 N2 的荷载位移曲线

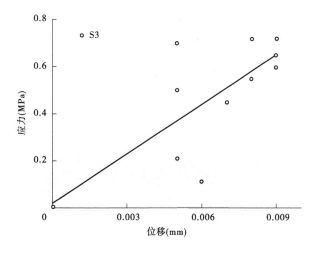

图 3-25　测点 S3 的荷载位移曲线

3.7.1.2　不同荷载作用下位移结果分析

　　$\theta=90°$ 方向径向位移特征和 $\theta=0°$ 方向径向位移特征一致,对其结果分析只取南北方向的测量点变形结果进行分析。

　　图 3-26 为预备模型试验 $\theta=90°$ 方向在不同应力水平下径向位移分布曲线。该图中横坐标为距离开挖洞室中心的长度,纵坐标为模型边界的作用力。图 3-33 和图 3-40 坐标表示方法和图 3-26 一致。试验结果表明,在相同荷载作用下,洞室测点距洞壁越近,径向位移越大,距离洞壁越远,位移衰减剧烈,以指数量级递减。荷载强度高,测点位移值增大,距离洞壁近,位移增长迅速。应力在 0.2 MPa、0.4 MPa、0.6 MPa 和 0.7 MPa 时,洞壁位移由 1.4 mm、3.4 mm、5.1 mm、6.8 mm 递增,即应力增加,洞壁位移显著增加。在不同应力水平下位移产生的范围有所变化,随着荷载的增加其范围增加。在 0.7 MPa 荷载下,模型发生破坏,在破坏荷载下其产生位移的范围距离洞壁 30~35 cm,即洞室半径的 2 倍左右。

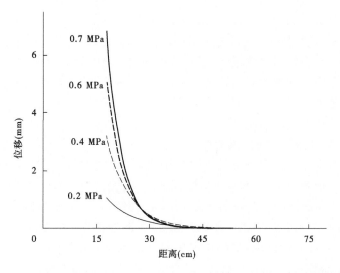

图 3-26　预备模型试验 $\theta=90°$ 方向在不同应力水平下径向位移分布曲线

3.7.1.3　破坏过程与破坏特征分析

大变形材料模型试验破坏过程缓慢。当达到临界破坏荷载时,洞壁表面局部点开始掉渣,随着时间推移,掉渣部位逐渐增多,由单点掉渣发展成为局部掉小块体,后掉大块体。破坏从表面局部掉块向洞室内部发展,由洞壁向洞内延伸,掉块由小块到大块发展。图 3-27 为侧压比为 1 预备模型试验毛洞的破坏后洞壁特征。

图 3-27　侧压比为 1 预备模型试验毛洞的破坏后洞壁特征

3.7.2　$N=0.5$ 毛洞模型试验结果分析

3.7.2.1　测点荷载位移关系曲线分析

图 3-28~图 3-32 为 $\theta=90°$ 方向单个位移测量点荷载曲线结果。试验结果表明,$\theta=90°$ 方向 5 个测点荷载位移曲线图(测量点 S3 除外)总体曲线特征为具有短暂的直线上升段、弯曲上升段及近似平行水平轴直线段。各测点不同之处为测量点距离开挖洞壁越近,则同样的应力下位移越大。测量点 S1 的荷载位移曲线分布特征为:当荷载较小时,曲线为线性增长,当荷载超过 0.25 MPa,曲线表现为弯曲,后随着荷载增加径向位移继续增大,在荷载达到 0.7 MPa 左右时,应力基本不再增加,而变形继续增加,可达 11.03 mm。测量点 N1 位移随外部荷载增大而增大,在外部荷载 0.25 MPa 以下,径向位移随荷载增加线性增长,超过该荷载后,曲线表现为弯曲,接近 0.69 MPa 作用力下,荷载作用力不再增长接近最大,变形则继续增长,变形可达 7.9 mm。测量点 S2 径向位移荷载曲线在应力较小时表现为线性增长,当外部荷载超过 0.25 MPa,曲线由直线转变为弯曲,接近 0.69 MPa 作用力下,荷载作用力达到最大,变形可达 7.8 mm。测量点 N2 总体的变形规律和 N1 相似,但位移值较小,最大位移仅为 0.67 mm。测量点 S3 变形很小,其位移值和测量仪器的精度大小相当,认为该点几乎不发生位移。

3.7.2.2　不同荷载作用下位移结果分析

图 3-33 为 $N=0.5$ 毛洞模型试验 $\theta=90°$ 方向在不同应力水平下径向位移分布曲线。试验结果表明,在荷载作用下,洞室围岩距洞壁越近,径向位移越大,距离洞壁越远,位移衰减剧烈,以指数量级衰减。荷载强度高,测点位移值增大,距离洞壁近,位移增长迅速。应力在 0.2 MPa、0.4 MPa、0.6 MPa 和 0.7 MPa 时,洞壁位移由 0.2 mm、1.3 mm、7.2 mm、11.1 mm 递增;在不同应力水平下位移产生的范围有所变化,随着荷载的增加其范围增加。在 0.7 MPa 荷载下,模型发生破坏,在破坏荷载下其产生位移的范围距离洞壁 30~35 cm,即洞室半径的 2 倍左右。

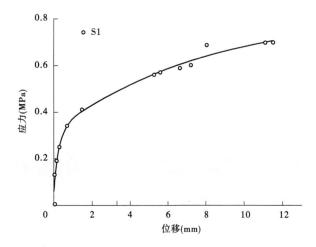

图 3-28　测点 S1 的荷载位移曲线

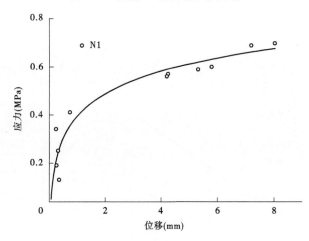

图 3-29　测点 N1 的荷载位移曲线

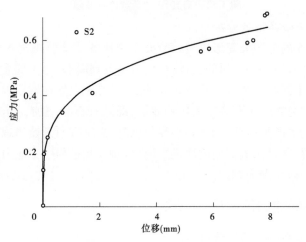

图 3-30　测点 S2 的荷载位移曲线

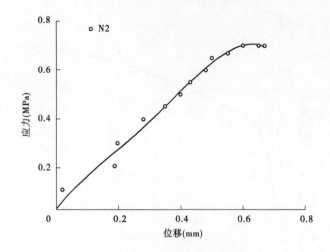

图 3-31　测点 N2 的荷载位移曲线

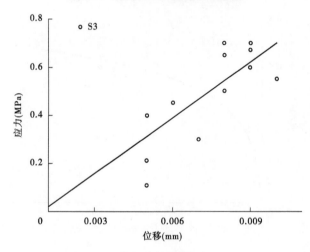

图 3-32　测点 S3 的荷载位移曲线

3.7.2.3　破坏过程与破坏特征分析

　　侧压比 N 为 0.5 的毛洞大变形模型试验破坏和预备试验侧压比 $N=1$ 的毛洞模型试验破坏特征类似,如破坏是一个时间过程,掉块由单点到局部,由小到大,由洞壁表面到洞内深处等。侧压比不同则破坏特征存在差异,即破坏首先发生在侧压方向,且破坏主要也集中该方向,而主应力方向主要表现为压缩变形,即随着荷载增加,主应力方向压缩变形逐渐增加,侧压方向也产生压缩,当达到临界荷载时,侧压方向开始出现掉渣,然后发展为掉小块、大块的过程,并且由表层向内部逐层掉落,而在此过程中主应力方向破坏较小,仅仅出现一道细小裂缝,见图 3-34。

3.7.3　$N=0.5$ 锚杆加固模型试验结果分析

3.7.3.1　测点荷载位移关系曲线分析

　　图 3-35~图 3-39 是 $N=0.5$ 锚杆加固模型试验的 $\theta=90°$ 方向单个位移测量点荷载曲

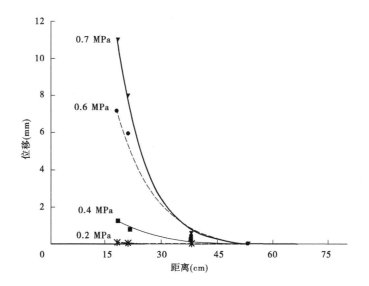

图 3-33 $N = 0.5$ 毛洞模型试验 $\theta = 90°$ 方向在不同应力水平下径向位移分布曲线

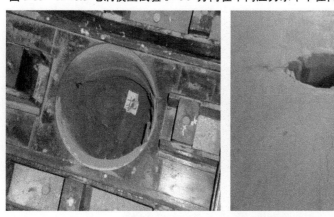

图 3-34 侧压比为 0.5 时毛洞模型试验破坏特征

线结果。试验结果表明,$\theta = 90°$ 方向 5 个测点荷载位移曲线图(测量点 S3 除外)总体曲线特征为直线上升段、曲线上升段及近似平行水平轴直线段。各测点不同之处在于荷载位移曲线形态和位移值的大小。当荷载较小时,测量点 S1 的位移(向洞室方向)随外部荷载增长而线性增大,当荷载超过 0.2 MPa,位移应力曲线特征由直线转变为弯曲,而后继续增加加压,荷载保持在 0.7 MPa 时几乎不再增大,而位移继续增大,变形可达 7.3 mm。测量点 N1 位移(向洞室方向)随外部荷载增大而增大,在 0.25 MPa 以下,位移随荷载增加线性增长,超过该荷载后,曲线由直线增长转化后曲线增长,接近 0.7 MPa 作用力下,荷载作用力接近最大,变形则继续增长,变形可达 7.2 mm。测量点 S2 位移(向洞室方向)荷载曲线在应力较小时表现为线性增长,当外部荷载超过 0.25 MPa,曲线由直线转变为弯曲,接近 0.7 MPa 作用力下,荷载作用力达到最大,变形可达 6.9 mm。测量点 N2 总体的变形规律和 N1 相似,但位移值较小,最大位移仅为 0.76 mm。测量点 S3 变形很小,其位移值和测量仪器的精度大小相当,认为该点几乎不发生位移。

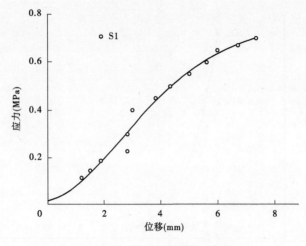

图 3-35　测点 S1 荷载位移曲线

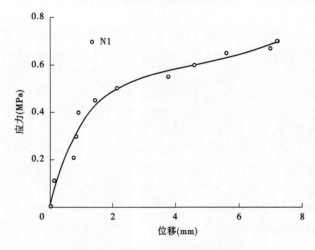

图 3-36　测点 N1 的荷载位移曲线

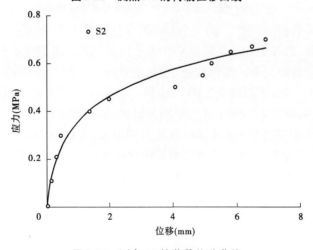

图 3-37　测点 S2 的荷载位移曲线

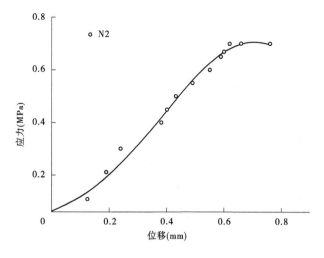

图 3-38　测点 N2 的荷载位移曲线

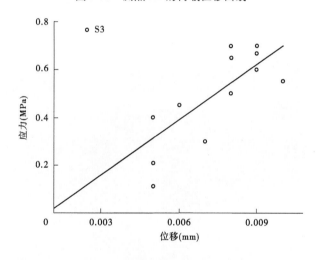

图 3-39　测点 S3 的荷载位移曲线

3.7.3.2　不同荷载作用下位移结果分析

图 3-40 为锚杆加固模型试验的 $\theta = 90°$ 方向在不同应力水平下径向位移分布曲线。试验结果表明,在相同荷载作用下,洞周测点距洞壁越近,径向位移越大,距离洞壁越远,位移值衰减剧烈,以指数量级递减。同样的测点,荷载强度高,则相应点径向位移值大。应力在 0.2 MPa、0.4 MPa、0.6 MPa 和 0.7 MPa 时,洞壁位移有 2.1 mm、3.3 mm、6.5 mm、7.8 mm 递增;在不同应力水平下位移产生的范围有所变化,随着荷载的增加其范围增加。在 0.7 MPa 荷载下,模型发生破坏,在破坏荷载下其产生位移的范围距离洞壁 30~35 cm,即洞室直径的 1 倍左右。

3.7.3.3　破坏过程与破坏特征分析

$N = 0.5$ 的锚杆加固模型试验破坏特征和毛洞模型试验破坏特征类似。其重要破坏特征反映了锚杆加固效果,在主应力方向上洞壁的位移值小于未加固模型的位移,同时主应力方向洞壁没有观察到明显破坏特征,没有出现毛洞破坏试验时破坏裂缝问题。侧压方向变形也小于未加固模型的位移,破坏特征见图 3-41。

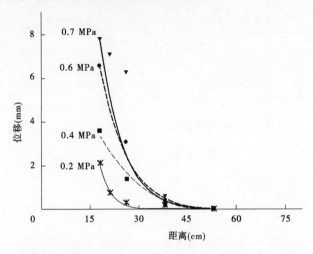

图 3-40 锚杆加固模型试验的 $\theta = 90°$ 方向在不同应力水平下径向位移分布

图 3-41 锚杆加固后破坏结果

第 4 章　软岩洞室大变形机制及
加固数值分析

深部巷道周边由于受到地质因素和生产因素的影响,总是存在着层理和裂隙构造面。如果支护不当,顶板常形成冒落,两帮也可能向巷道挤出。因此,模拟这种复杂的岩体破坏和支护系统的作用,要求使用的数值模型具有以下功能:可以使用多种不同的力学特征的材料;允许大变形和剪切破坏;允许岩块的滑动和变形;允许模拟锚索等支护结构的作用;允许模拟地应力条件。

对于一般的数值方法建立的模型都难以满足以上要求,故选用目前国内外广泛使用的快速拉格朗日数值分析法(FLAC)。该程序主要适用于模拟地质材料和岩土工程的力学行为,特别是材料达到屈服极限后产生的塑性流动。材料通过单元和区域表示,根据计算对象的形状构成相应的网格。每个单元在外载和边界约束条件下,按照约定的线性或非线性应力–应变关系产生力学响应。由于 FLAC3D 程序主要为岩土工程应用而开发的岩石力学计算程序,程序中包括了反映地质材料力学效应的特殊计算功能,可计算地质类材料的高度非线性不可逆剪切破坏和压密等力学行为。

FLAC 程序设有多种本构模型,如各向同性弹性材料模型、横观各向同性弹性材料模型、摩尔–库伦弹塑性材料模型、应变软化–硬化塑性材料模型、空单元模型,均可用来模拟地下工程的开挖和煤层的开采。另外,程序设有界面单元,可模拟断层、节理和摩擦边界的滑动、张开和闭合行为。支护结构、锚杆或板壳等与围岩的相互作用也可以在 FLAC3D 中进行模拟。同时,用户可根据需要在 FLAC3D 中创建自己的本构模型,进行各种特殊修正和补充。

FLAC3D 程序建立在拉格朗日算法基础上,特别适合模拟大变形。FLAC3D 采用显式算法来获得模型全部运动方程(包括内变量)的时间步长解,从而可以追踪材料的渐进破坏和垮落,这对于研究采矿设计是非常重要的。此外,程序允许输入多种材料类型,也可在计算过程中改变某个局部的材料参数,增强了程序使用的灵活性,极大地方便了计算上的处理。FLAC3D 程序具有强大的后处理功能,用户可以直接在屏幕上绘制或以文件形式创建和输出打印多种形式的图形。使用者还可根据需要,将若干个变量合并在同一幅图形中进行研究分析。

采用有限差分 FLAC3D 程序进行计算,具有以下特点:一是能对不同材料特征采用相应的本构方程;二是能够处理大变形和剪切破坏问题;三是可以方便快捷地模拟锚杆等不同支护结构的作用;四是具有较强的分析结果后处理功能。

4.1　数值分析基本理论

4.1.1　FLAC3D 基本原理

三维快速拉格朗日法是一种基于三维显式有限差分法的数值分析方法,它可以模拟岩土或其他材料的三维力学行为。三维快速拉格朗日分析将计算区域划分为若干单元,每个单元在给定的边界条件下遵循指定的线性或非线性本构关系,如果单元应力使得材料屈服或产生塑性流动,则单元网格可以随着材料的变形而变形,这就是所谓的拉格朗日算法,这种算法非常适合于模拟大变形问题。三维快速拉格朗日分析采用了显式有限差分格式来求解场的控制微分方程,并应用了混合单元离散模型,可以准确地模拟材料的屈服、塑性流动、软化直至大变形,尤其在材料的弹塑性分析、大变形分析以及模拟施工过程等领域有其独到的优点。

三维快速拉格朗日法的求解使用了三种计算方法:①离散模型方法。连续介质被离散为若干互相连接的单元,作用力力被集中在节点上。②有限差分方法。变量关于空间和时间的一阶导数均用有限差分来近似。③动态松弛方法。应用质点运动方程求解,通过阻尼使系统运动衰减至平衡状态。

4.1.1.1　空间导数的有限差分近似

三维快速拉格朗日法采用了混合离散方法,区域被划分为常应变单元的集合体,而在计算过程中,程序内部又将每个单元分为常应变四面体的集合体,变量均在四面体上进行计算,单元的应力、应变取值为其内四面体的体积加权平均。

如图 4-1 所示的四面体,节点编号为 1 到 4,第 n 面表示与节点 n 相对的面,设其内任一点的速率分量为 v_i,则可由高斯公式得:

$$\int_V v_{i,j}\mathrm{d}V = \int_S v_i n_j \mathrm{d}S \qquad (4\text{-}1)$$

式中,V 为四面体的体积;S 为四面体的外表面;n_j 为外表面的单位法向向量分量。

对于常应变单元

$$v_{i,j} = -\frac{1}{3V}\sum_{l=1}^{4} v_i^l n_j^{(i)} S^{(l)} \qquad (4\text{-}2)$$

式中,上标 l 表示节点 l 的变量,(l) 表示面 l 的变量。

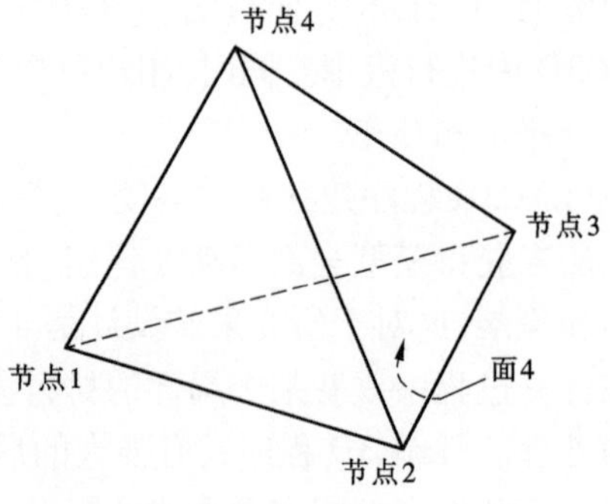

图 4-1　四面体

4.1.1.2　运动方程

三维快速拉格朗日法以节点为计算对象,将力和质量均集中在节点上,然后通过运动方程在时域内进行求解。节点运动方程可表示为

$$\frac{\partial v_i^l}{\partial t} = \frac{F_i^l(t)}{m^l} \qquad (4\text{-}3)$$

式中，$F_i^l(t)$ 为在 t 时刻 l 节点的在 i 方向的不平衡力分量，可由虚功原理导出；m^l 为 l 节点的集中质量，在分析动态问题时采用实际的集中质量，而在分析静态问题时则采用虚拟质量以保证数值稳定。对于每个四面体，其节点的虚拟质量为

$$m^l = \frac{a_1}{9V}\max\{[n_i^{(i)}S^{(l)}]^2, i = 1,3\} \tag{4-4}$$

式中，$a_1 = K + \dfrac{4}{3}G$，K 为体积模量，G 为剪切模量。

任一节点的虚拟质量为包含该节点的所有四面体对该节点的贡献之和。将式(4-3)左端用中心差分来近似，则可得到：

$$v_1^l\left[t + \frac{\Delta t}{2}\right] = v_1^l\left[t - \frac{\Delta t}{2}\right] + \frac{F_i^l(t)}{m^l} \cdot \Delta t \tag{4-5}$$

式(4-5)的前提是计算时步 $\Delta t = 1$，其详细推导参见其他参考文献。

4.1.1.3　应变、应力及节点不平衡力

三维快速拉格朗日法由速度来求某一时步的单元应变增量：

$$\Delta\varepsilon_{ij} = \frac{1}{2}[v_{i,j} + v_{j,i}]\Delta t \tag{4-6}$$

有了应变增量，即可由本构方程求出应力增量：

$$\Delta\sigma_{ij} = H_j(\sigma_{ij}, \Delta\varepsilon_{ij}) + \Delta\sigma_{ij}^c \tag{4-7}$$

式中，H 为已知的本构方程；$\Delta\sigma_{ij}^c$ 为大变形情况下对应力所作的旋转修正：

$$\Delta\sigma_{ij}^c = (\omega_{ik}\sigma_{kj} - \sigma_{ik}\omega_{kj})\Delta t \tag{4-8}$$

式中，$\omega_{ij} = \dfrac{1}{2}(v_{i,j} - v_{j,i})$。

各时步的应力增量叠加即可得到总应力，然后即可由虚功原理求出下一时步的节点不平衡力。每个四面体对其节点不平衡力的贡献可如下计算：

$$p_i^l = \frac{1}{3}\sigma_{ij}n_j^{(l)}S^{(l)} + \frac{1}{4}\rho b_i V \tag{4-9}$$

式中，ρ 为材料密度，kg/m^3；b_i 为单位质量体积力，N/m^3。

任一节点不平衡力为包含该节点的所有四面体对该节点的贡献之和。得到节点不平衡力后即可进入下一时步的计算。

4.1.1.4　阻尼力

对静态问题，三维快速拉格朗日法在式(4-3)不平衡力中加入非黏性阻尼，以使系统的振动逐渐衰减，直至达到平衡状态（即不平衡力接近零）。此时式(4-3)变为

$$\frac{\partial v_i^l}{\partial t} = \frac{F_i^l(t) + f_i^l(t)}{m^l} \tag{4-10}$$

阻尼力为

$$f_i^l(t) = -\alpha|F_i^l(t)|\text{sign}(v_i^l) \tag{4-11}$$

式中，α 为阻尼系数，其默认值为 0.8。

$$\text{sign}(y) = \begin{cases} +1 & (y > 0) \\ -1 & (y > 0) \\ 0 & (y > 0) \end{cases} \tag{4-12}$$

4.1.1.5　计算循环

三维快速拉格朗日法的计算循环如图 4-2 所示。

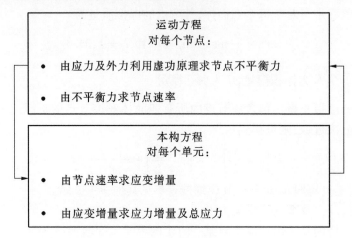

图 4-2　计算循环

可以看出,无论是动态问题,还是静态问题,三维快速拉格朗日法均由运动方程用显式方法进行求解,这使得它很容易模拟动态问题,如震动、失稳、大变形等。对显式法来说,非线性本构关系与线性本构关系并无算法上的差别,对于已知的应变增量,可很方便地求出应力增量,并得到不平衡力,就同实际中的物理过程一样,可以跟踪系统的演化过程。此外,显式法不形成刚度矩阵,每一步计算所需计算机内存很小,使用较少的计算机内存就可以模拟大量的单元,特别适于在微机上操作。在求解大变形过程中,因每一时步变形很小,可采用小变形本构关系,只需将各时步的变形叠加,即得到了大变形。这就避免了通常大变形问题中推导大变形本构关系及其应用中所遇到的麻烦,也使它的求解过程与小变形一样。

4.1.2　本构关系

FLAC3D 主要是为地质工程应用而开发的岩土体力学数值评价计算程序,自身设计有九种材料本构模型:(1)空模型(Null Model);(2)弹性各向同性材料模型(Elastic,Isotropic Model);(3)弹性各向异性材料模型(Elastic,Anisotropic Model);(4)德鲁克 – 布拉德弹塑性材料模型(Drucker – Prager Model);(5)摩尔 – 库伦弹塑性材料模型(Mohr – Coulomb Model);(6)应变硬化、软化弹塑性材料模型(Strain – Hardening/Softening Mohr – Coulomb Model);(7)多节理裂隙材料模型(Upiquitous – Joint Model);(8)双曲型应变硬化、软化多节理裂隙材料模型(Bilinear Strain – Hardening/Softening Upiquitous – Joint Model);(9)修正的 Cam 黏土材料模型(Modified Cam – Clay Model)。

除上述本构模型外,FLAC3D 还可进行动力学问题、水力学问题、热力学问题等的数值模拟。

摩尔 – 库伦模型通常用于描述土体和岩石的剪切破坏,模型的破坏包络线和摩尔 – 库伦强度准则(剪切屈服函数)以及拉破坏准则(拉屈服函数)相对应。

FLAC 程序运行摩尔 – 库伦模型时,应用了主应力 σ_1、σ_2 和 σ_3,以及平面外应力 σ_{zz}。主应力及其方向通过应力张量分量得出,且排序如下(压应力为负):

$$\sigma_1 \leqslant \sigma_2 \leqslant \sigma_3 \tag{4-13}$$

对应的主应变增量 $\Delta\varepsilon_1$、$\Delta\varepsilon_2$ 和 $\Delta\varepsilon_3$ 分解如下:

$$\Delta\varepsilon_i = \Delta\varepsilon_i^e + \Delta\varepsilon_i^p \quad (i = 1,2,3) \tag{4-14}$$

式中,上标 e 和 p 分别指代弹性部分和塑性部分,且在弹性变形阶段,塑性应变不为零。

根据主应力和主应变,胡克定律的增量表达式如下:

$$\Delta\sigma_1 = \alpha_1\Delta\varepsilon_1^e + \alpha_2(\Delta\varepsilon_2^e + \Delta\varepsilon_3^e) \tag{4-15}$$

$$\Delta\sigma_2 = \alpha_1\Delta\varepsilon_2^e + \alpha_2(\Delta\varepsilon_1^e + \Delta\varepsilon_3^e) \tag{4-16}$$

$$\Delta\sigma_3 = \alpha_1\Delta\varepsilon_3^e + \alpha_2(\Delta\varepsilon_1^e + \Delta\varepsilon_2^e) \tag{4-17}$$

式中,$\alpha_1 = K + \dfrac{4}{3}G$;$\alpha_2 = K - \dfrac{2}{3}G$;$G$ 为剪切模量,MPa;K 为体积模量,MPa。

4.1.3　破坏准则

4.1.3.1　摩尔 – 库伦准则

此准则假定破坏面是直线型的,其公式为

$$f^s = \sigma_1 - \sigma_3 N_\varphi + 2c\sqrt{N_\varphi} \tag{4-18}$$

$$N_\varphi = \frac{1 + \sin\varphi}{1 - \sin\varphi} \tag{4-19}$$

式中:σ_1 为最大主应力(压应力为负值),MPa;σ_3 为最小主应力,MPa;φ 为内摩擦角;c 为内聚力,MPa。

摩尔 – 库伦准则实质是剪应力强度准则,虽然这个理论较为全面地反映了岩石的强度特性,既适用于塑性材料也适用于脆性材料的剪切破坏,但它主要适用于岩石的抗拉强度远小于抗压强度这一特性。当存在多轴拉伸,破坏面趋于分离时,摩尔 – 库伦准则中的内摩擦角就没有意义了,故摩尔 – 库伦强度理论在拉应力区的适用程度值得探讨。

4.1.3.2　Hoek – Brown 强度准则

1980 年 Hoek 和 Brown 在分析 Griffith 理论及其修正理论的基础上,通过对大量岩石三轴试验资料和岩体现场试验成果的统计分析,用试错法导出了岩块和岩体破坏时极限主应力之间的关系式,即为著名的 Hoek – Brown 经验强度准则,它反映了岩体的固有特点和非线性破坏特征,以及岩石强度、结构面组数、所处应力状态对其影响,能解释低应力区、拉应力区和最小主应力对强度的影响,能延用到破碎岩体和各向异性岩体等情况,从而弥补了摩尔 – 库伦准则在破坏岩体中的应用不足。其表达式为

$$\sigma_1 = \sigma_3 + \sqrt{m\sigma_c\sigma_3 + s\sigma_c^2} \tag{4-20}$$

式中,σ_1、σ_3 分别为岩体破坏时的最大、最小主应力,MPa;σ_c 为岩体块单轴抗压强度,MPa;m、s 均为经验参数,m 反映岩石的坚硬程度,取值为 0.000 000 1 ~ 25,s 反映岩体破坏程度,取值为 0 ~ 1。

如果令 $\sigma_3 = 0$,代入到式(4-20)中,便可以得到岩体的单轴抗压强度 σ_{cmass},即

$$\sigma_{cmass} = \sqrt{s}\sigma_c \tag{4-21}$$

当 $\sigma_1 = 0$ 时,便可以得到岩体的单轴抗拉强度 σ_{tmass},即

$$\sigma_{tmass} = \frac{1}{2}\sigma_c(m - \sqrt{m^2 + 4s}) \tag{4-22}$$

根据 Hoek - Brown 强度包络线,则有

$$\tau = \frac{(\cot\varphi_i - \cos\varphi_i)m\sigma_c}{8} \tag{4-23}$$

$$\varphi_i = \arctan\left[\frac{1}{4h\cos^2\theta - 1}\right]^{\frac{1}{2}} \tag{4-24}$$

$$h = 1 + \frac{16(m\sigma' + s\sigma_c)}{3m^2\sigma_c} \tag{4-25}$$

$$\theta = \frac{1}{3}\left\{90° + \arctan\left[\frac{1}{(h^3 - 1)^{\frac{1}{2}}}\right]\right\} \tag{4-26}$$

$$c_i = \tau - \sigma'\tan\varphi_i \tag{4-27}$$

式中,τ、σ' 分别为岩体潜在破坏时的剪应力、正应力,MPa;φ_i、c_i 分别为给定 τ、σ' 下岩体的瞬时内摩擦角和瞬时内聚力,(°)、MPa;θ 为潜在破坏角,(°);h 为计算时中间变量。

　　根据大量的岩石力学实验证实,岩石破坏后强度有所降低,产生强度弱化,这是摩尔 - 库伦准则所不能反映的,而用 Hoek - Brown 强度准则能较为准确地反映煤岩体在采动影响后强度有所降低这一行为力学特性,但是在 FLAC3D 计算程序中没有明确给出 Hoek - Brown 计算模型。经过研究分析 Hoek - Brown 强度准则和摩尔 - 库伦准则,不难发现Hoek - Brown强度准则能动态地考虑岩体的内聚力 c 和内摩擦角 φ,而岩体在开采后,其岩体的内聚力和内摩擦角将会受到覆岩破坏的影响,在 FLAC3D 计算中用到的摩尔 - 库伦准则没有动态地考虑岩体的内聚力和内摩擦角。由此切入,可以用 Hoek - Brown 强度准则中的内聚力和内摩擦角来代替摩尔 - 库伦准则中的内聚力和内摩擦角,这样在用 FLAC3D 进行开采沉陷数值模拟时,仍可以用摩尔 - 库伦破坏准则,只是把其中的参数 c、φ 用 Hoek - Brown 强度准则中的公式动态表示。

4.2　物理模型的数值计算

4.2.1　计算模型

　　本次模拟采用弹塑性模型,破坏准则采用摩尔 - 库伦模型。模型岩层视为均质、各向同性,且不考虑围岩中的结构面、裂隙和软弱夹层对强度的影响。考虑到模拟的边界效应,模型应具有足够大的尺寸,根据多次模拟试验,取开挖洞室直径的 12 倍。模型采用平面模型,选取模型长宽均为 3.6 m,洞室位于模型中间,圆形,直径为 0.3 m。边界条件:在 X 轴方向上,模型左右两侧采用应力边界条件,应力加载值为 0.35 MPa;在 Z 轴方向上,模型底部采用位移边界条件,在模型上部采用应力边界条件,应力加载值为 0.7 MPa。建立数值分析模型及尺寸如图 4-3 所示。

　　模型材料的物理力学参数见表 4-1。

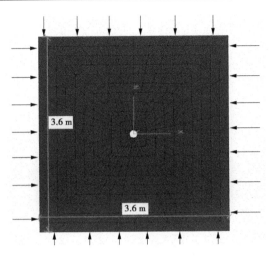

图 4-3 计算模型

表 4-1 模型计算参数

地层材料					锚杆			
密度 (g/cm³)	变形模量 (MPa)	摩擦角 (°)	黏聚力 (MPa)	泊松比	长度 (cm)	直径 (mm)	间距 (°)	弹模 (MPa)
1.5	205	33.75	0.32	0.28	30	3	30	3 000

4.2.2 物理模型与数值结果对比

根据模型试验结果,主要分析主应力 0.7 MPa 作用下该方向测线的位移分布(侧压系数为 0.5)。图 4-4 为未加固洞室模型试验与数值试验结果对比,分析可知,模型试验和数值模拟的变形趋势是一致的,测点到洞壁距离越远,其位移越小,呈指数级减小;但各个测点的数值存在差别,模拟的结果一般小于实测值,主要表现在距离洞壁较近的 3 个测点,其对应点差值在 2 mm 左右,而距离洞壁较远的 2 点,位移值几乎相等。

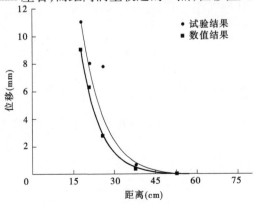

图 4-4 未加固洞室模型试验与数值试验结果对比

图 4-5 为洞室加固后模型试验与数值试验结果对比,分析可知,模型试验和数值模拟的变形趋势是一致的,测点到洞壁的距离越远,其位移越小,呈指数级减小;各个测点的数值存在差别,距离洞壁最近和最远 2 点,位移值几乎相等,而其余 2 点,位移值相差较大,差值在 2 ~ 3 mm,误差较大。

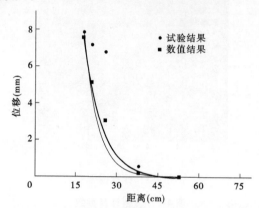

图 4-5　洞室加固后模型试验与数值试验结果对比

两组模型试验和数值试验结果对比表明,采用该数值模型的计算结果总体可以代表模型试验的结果。

4.3　深部高地应力区巷道大变形规律研究

根据上述数值模型边界条件,建立数值计算模型研究在不同地应力场、不同巷道断面尺寸、不同施工工艺及不同岩体参数变化时,巷道围岩位移及应力变化规律。

数值模型计算参数表见表 4-2。在巷道周围设置了 3 条监测线,目的是监测巷道边帮、拱顶、底板位移及应力的变化规律,监测线位置如图 4-6 所示。

表 4-2　数值模型计算参数

地应力 (MPa)	侧压力 系数	变形模量 (GPa)	摩擦角 (°)	黏聚力 (MPa)	泊松比	密度 (kg/m³)	抗拉强度 (MPa)
26	1.6	8	34	0.8	0.32	2 450	1

4.3.1　地应力场对巷道大变形的影响

主要研究水平地应力大小和侧压力系数对巷道围岩位移、应力及围岩塑性区影响的变化规律。

4.3.1.1　不同地应力变化规律

在侧压力系数保持一定的情况下,研究了水平地应力为 5 MPa、10 MPa、15 MPa、20 MPa、25 MPa、30 MPa、35 MPa、40 MPa 时,巷道围岩的位移、应力及塑性区的变化规律。其他计算参数见表 4-2。

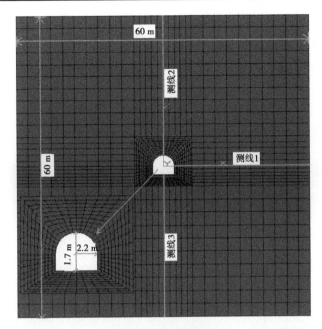

图 4-6　监测线位置

1.巷道围岩位移变化特征与水平地应力大小的关系

不同水平地应力下巷道围岩变形见图 4-7,从图中可以看出:随着地应力值的增加,巷道边帮水平位移、顶板垂直位移及底板位移都在增大。顶板垂直位移变形范围主要发生在距巷道中心 5.9 m 的范围内,底板垂直底臌变形范围主要发生在距巷道中心 6.6 m 的范围内。

2.巷道围岩应力变化特征与地应力大小的关系

1)S_{xx} 应力变化规律

图 4-8 为不同水平地应力下巷道围岩的 S_{xx} 应力变化规律,从应力变化曲线可以看出:巷道开挖后,在边帮附近 S_{xx} 应力形成了一定范围的应力释放区,在顶底板形成了 S_{xx} 应力集中区。边帮 S_{xx} 应力随着距离巷道中心距离的增加逐渐增大。顶底板 S_{xx} 应力随着距离巷道中心距离的增加,先增大后减小,应力集中的位置随着地应力量值的增加,向围岩深处发展。

2)S_{zz} 应力变化规律

图 4-9 为不同水平地应力下巷道围岩的 S_{zz} 应力变化规律,从应力变化曲线可以看出:巷道开挖后,在边帮形成了应力集中区,在顶底板形成了应力释放区,随着地应力量值的增大,应力集中的范围扩大。在测线 1 位置,S_{zz} 应力先增大后减小。顶底板 S_{zz} 应力在距巷道中心 10 m 的范围内,随着距离巷道中心距离的增加逐渐增大。

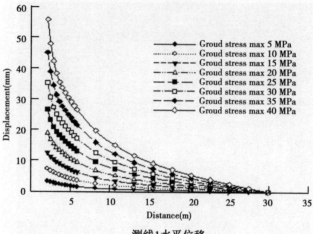

测线1水平位移

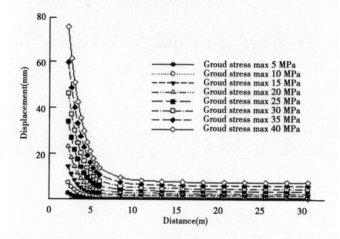

测线2垂直位移

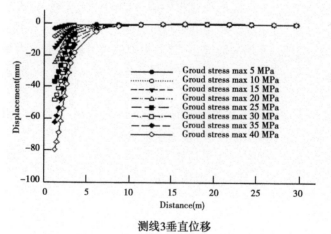

测线3垂直位移

图 4-7　不同水平地应力下巷道围岩变形

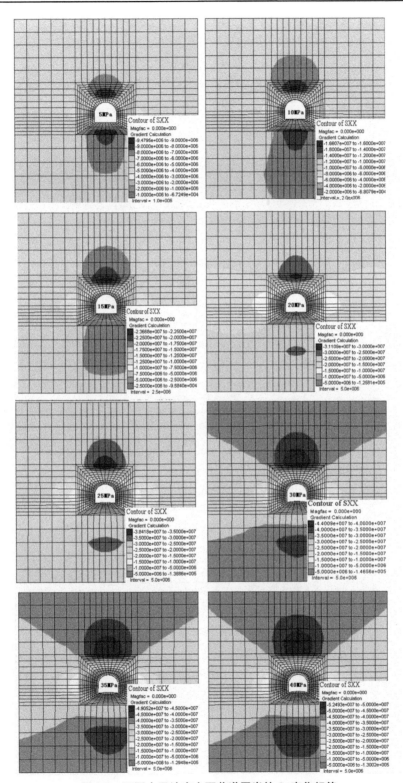

图 4-8　不同水平地应力下巷道围岩的 S_{xx} 变化规律

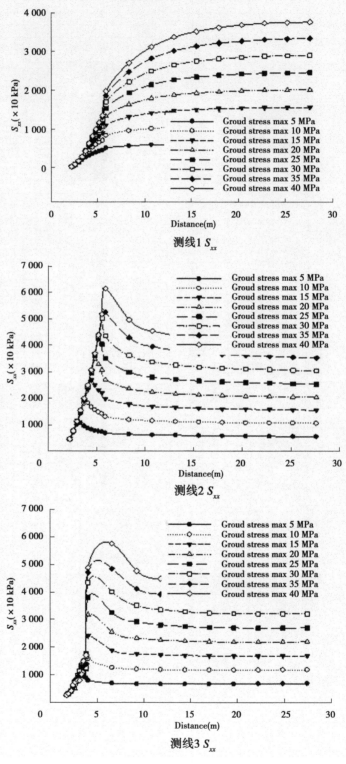

测线1 S_{xx}

测线2 S_{xx}

测线3 S_{xx}

续图 4-8

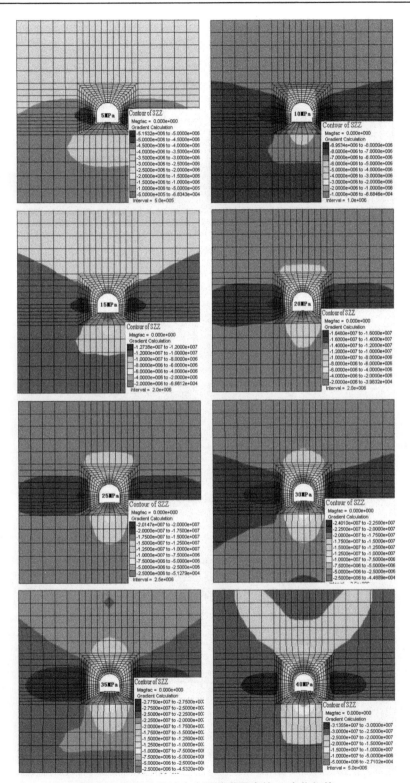

图 4-9　不同水平地应力下巷道围岩的 S_{zz} 变化规律

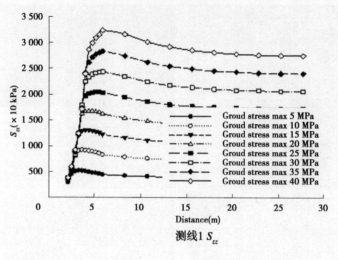

测线1 S_{zz}

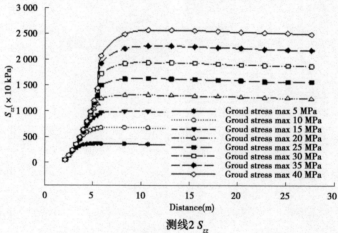

测线2 S_{zz}

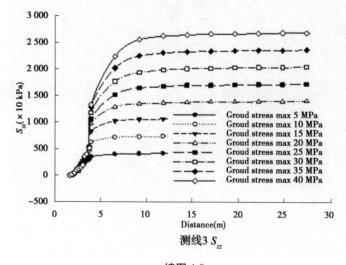

测线3 S_{zz}

续图 4-9

3）S_{xz} 应力变化规律

图 4-10 为不同水平地应力下巷道围岩的 S_{xz} 应力变化规律,从应力变化曲线可以看出:在巷道的边帮、顶底板都存在剪应力 S_{xz} 集中的现象。随着地应力量值的增加,剪应力 S_{xz} 集中的位置向围岩深处发展。

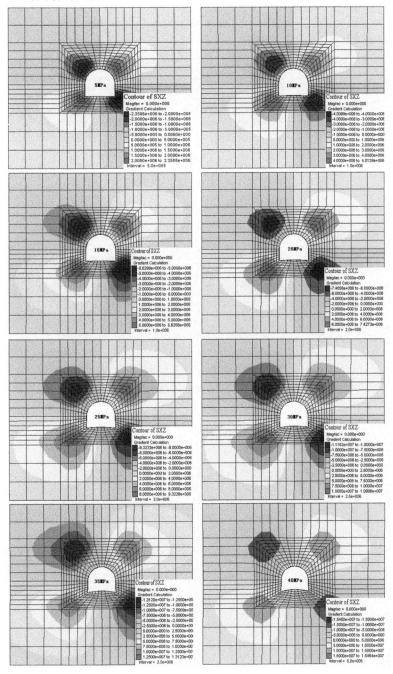

图 4-10　不同水平地应力下巷道围岩的 S_{xz} 变化规律

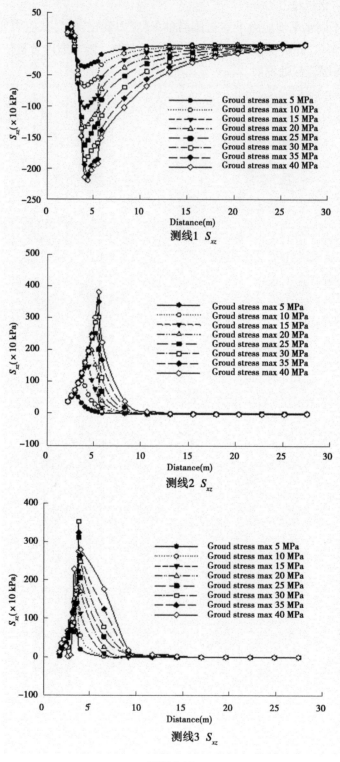

测线1 S_{xz}

测线2 S_{xz}

测线3 S_{xz}

续图 4-10

3. 巷道围岩塑性区变化特征与地应力大小的关系

图 4-11 为不同地应力大小情况下塑性区域分布,从图中可以看出:当地应力值由 5 MPa 逐渐增大到 40 MPa 的过程中,巷道两帮、顶板及底板破坏范围都呈增大的趋势。在地应力小于 10 MPa 时,巷道破坏的形式主要为剪切破坏。当地应力等于 10 MPa 时,巷道顶底板破坏模式为剪切破坏,两帮出现了剪切拉张复合破坏模式。当地应力大于 10 MPa 时,两帮及底板出现了剪切张拉复合破坏模式,顶板破坏模式为剪切破坏。

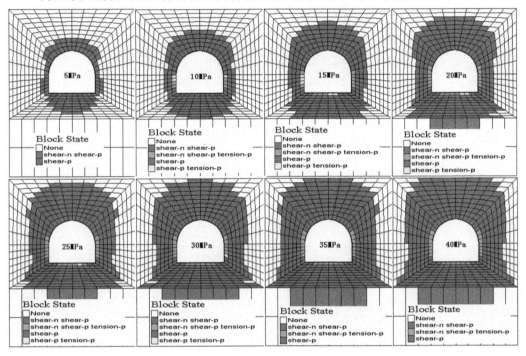

图 4-11 不同地应力大小情况下塑性区域分布

4.3.1.2 不同侧压力系数变化规律

在保持垂直地应力不变的情况下,研究了侧压力系数为 0.6、0.9、1.2、1.5、1.8、2.1、2.4、2.7 时,巷道围岩的位移、应力及塑性区的变化规律。其他计算参数见表 4-2。

1. 巷道围岩位移变化特征与侧压力系数的关系

不同侧压力下巷道围岩变形曲线见图 4-12,从图中可以看出:随着侧压力系数的增加,巷道边帮水平位移、顶板垂直位移及底板位移都在增大,在同一侧压力系数下,边帮的水平位移随着距离巷道中心距离的增加而减小。顶板垂直沉降位移在距巷道中心 5.9 m 的范围内,随距离巷道中心距离的增加而减小,当距离大于 5.9 m 时,位移基本上没有变化。

2. 巷道围岩应力变化特征与侧压力系数的关系

1)S_{xx} 应力变化规律

图 4-13 为不同侧压力系数下巷道围岩的 S_{xx} 应力变化规律,从应力变化曲线中可以看出:巷道开挖后,S_{xx} 应力在边帮附近一定范围内形成了应力释放区,在顶底板一定范围

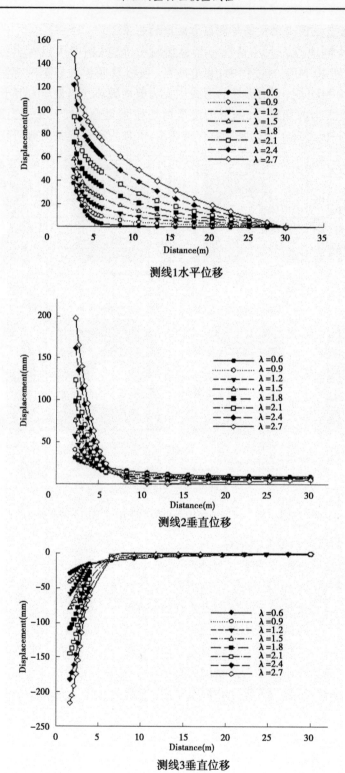

测线1水平位移

测线2垂直位移

测线3垂直位移

图 4-12　不同侧压力下巷道围岩变形曲线

内形成了应力集中区。边帮应力 S_{xx} 随着距离巷道中心距离的增加逐渐增大。顶底板 S_{xx} 应力随着距离巷道中心距离的增加,先增大后减小,存在应力集中现象。

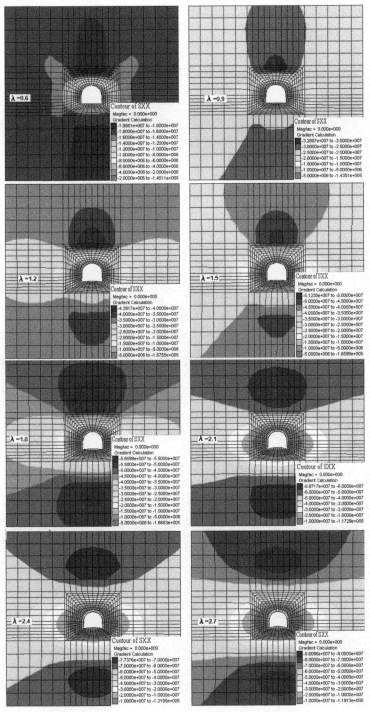

图 4-13　不同侧压力系数下巷道围岩的 S_{xx} 变化规律

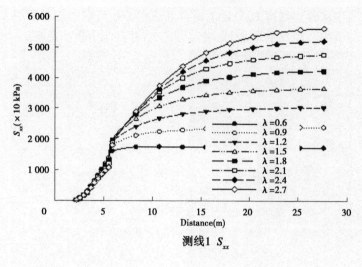

测线1 S_{xx}

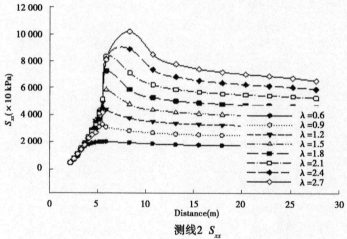

测线2 S_{xx}

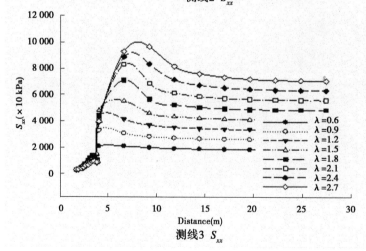

测线3 S_{xx}

续图 4-13

2）S_{zz} 应力变化规律

图 4-14 为不同侧压力系数下巷道围岩的 S_{zz} 应力变化规律，从应力变化曲线可以看出：巷道开挖后，边帮 S_{zz} 应力在距离巷道中心 5.9 m 附近有应力集中现象，S_{zz} 应力先增大后减小，随着侧压力系数的增大应力集中现象加剧，应力集中部位向岩体深部发展。

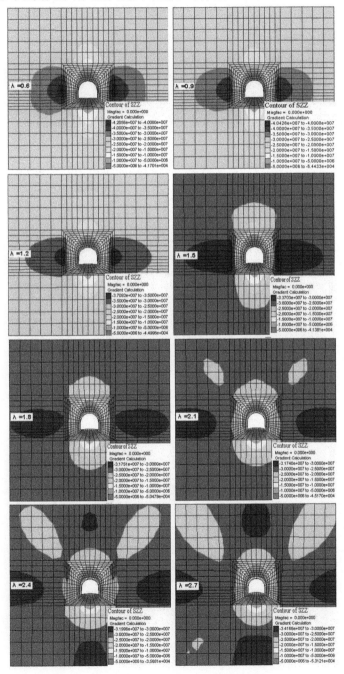

图 4-14　不同侧压力系数下围岩的 S_{zz} 变化规律

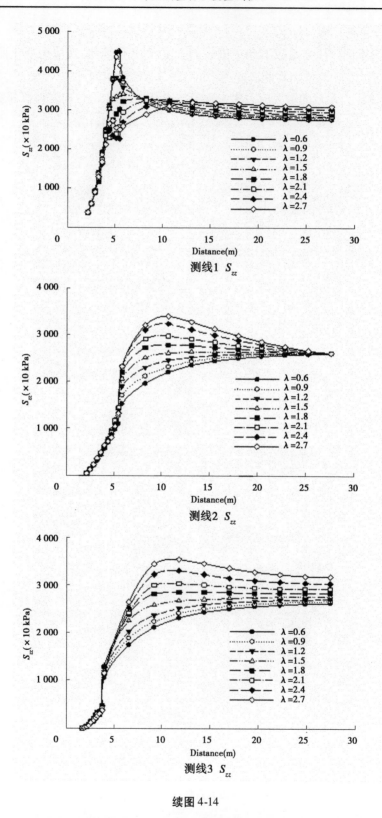

测线1 S_{zz}

测线2 S_{zz}

测线3 S_{zz}

续图 4-14

3) S_{xz} 应力变化规律

图 4-15 为不同侧压力系数下巷道围岩的 S_{xz} 应力变化规律,从应力变化曲线可以看出:在巷道的边帮、顶底板都存在剪应力 S_{xz} 集中的现象。随着侧压力系数的增加,剪应力 S_{xz} 集中的位置向围岩深处发展。

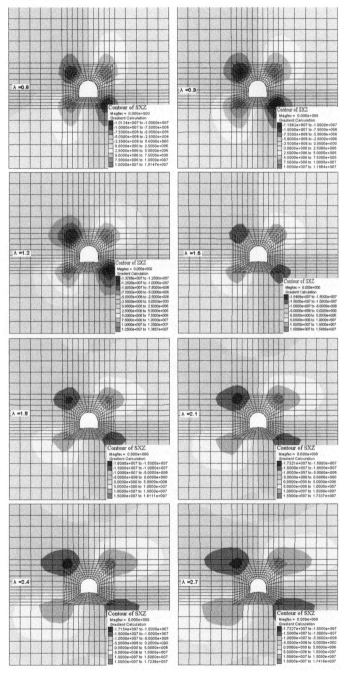

图 4-15　不同侧压力系数下围岩的 S_{xz} 变化规律

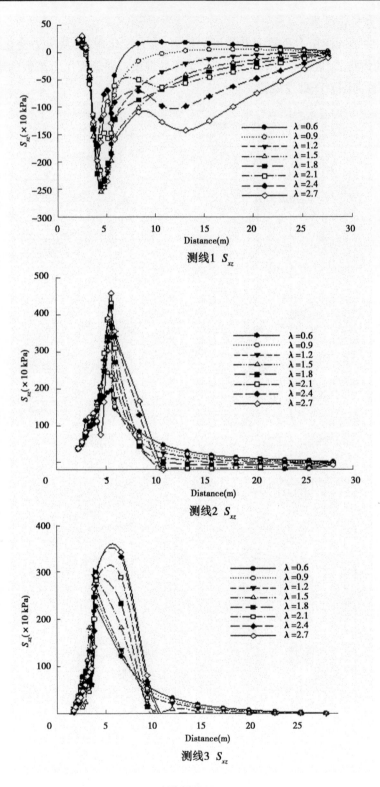

测线1 S_{xz}

测线2 S_{xz}

测线3 S_{xz}

续图 4-15

3. 巷道围岩塑性区变化特征与侧压力系数的关系

从图 4-16 可以看出,侧压力系数 N 小于 1.0 时,巷道围岩塑性区主要集中在巷道两帮,以剪切破坏为主,在边帮及底板附近均出现张拉破坏。侧压力系数 N 为 1.0~2.1 时,巷道两帮的塑性区范围逐渐减小,顶部的塑性区范围逐渐增大,巷道顶板以剪切破坏为主。当 N 大于 2.1 时,巷道周边塑性区迅速扩大,尤其在巷道的肩角增加更为明显。塑性破坏区域主要集中在顶板,以剪切张拉破坏为主,围岩稳定性迅速降低。

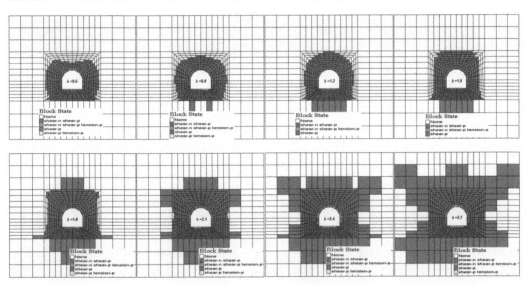

图 4-16　不同侧压力系数情况下围岩塑性区域分布

4.3.2　巷道断面尺寸对巷道大变形的影响

研究了巷道断面尺寸为 3.8 m×2.8 m、4.0 m×3.0 m、4.2 m×3.2 m、4.4 m×3.4 m、4.6 m×3.6 m、4.8 m×3.8 m、5.0 m×4.0 m 时,巷道围岩的位移、应力及塑性区的变化规律。其他计算参数见表 4-2。

4.3.2.1　巷道围岩位移变化特征与巷道断面开挖尺寸大小的关系

不同巷道尺寸下巷道围岩变形曲线见图 4-17,从图中可以看出,随着巷道开挖断面尺寸的增加,巷道边帮水平位移、顶板垂直位移及底板垂直位移都在增大。

4.3.2.2　巷道围岩应力变化特征与巷道断面开挖尺寸大小的关系

1. S_{xx} 应力变化规律

图 4-18 为不同巷道尺寸下巷道围岩的 S_{xx} 应力变化规律,从应力变化曲线可以看出:巷道开挖后,S_{xx} 应力在边帮附近一定范围内形成了应力释放区,在顶底板一定范围内形成了应力集中区。边帮应力 S_{xx} 随着距离巷道中心距离的增加逐渐增大。顶底板 S_{xx} 应力随着距离巷道中心距离的增加,先增大后减小。

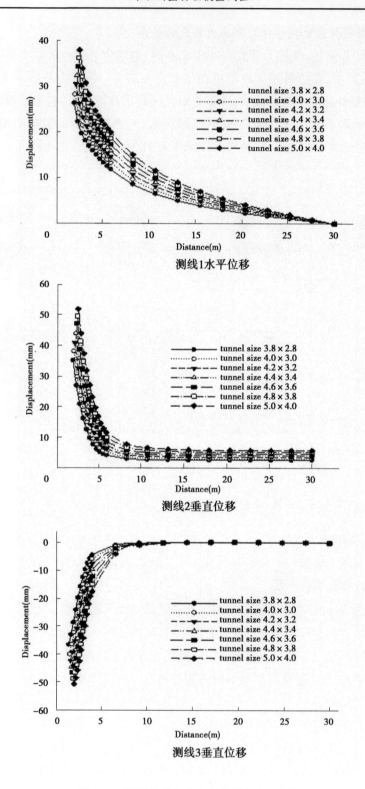

测线1水平位移

测线2垂直位移

测线3垂直位移

图 4-17　不同巷道尺寸下巷道围岩变形曲线

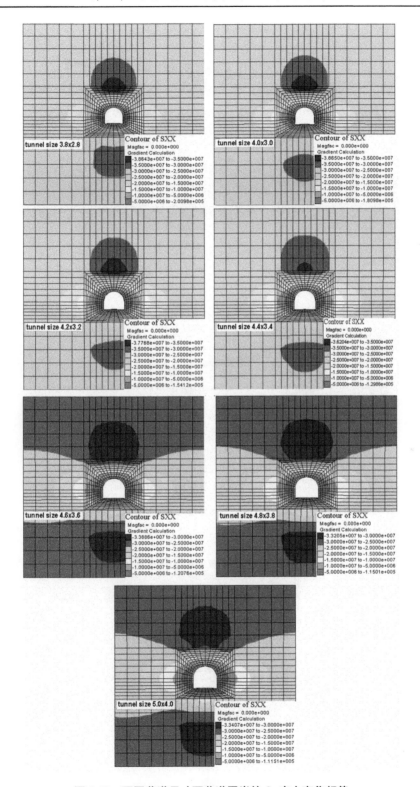

图 4-18　不同巷道尺寸下巷道围岩的 S_{xx} 应力变化规律

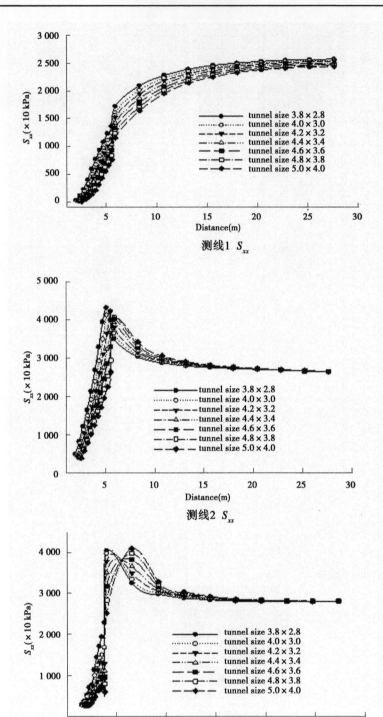

测线1 S_{xx}

测线2 S_{xx}

测线3 S_{xx}

续图 4-18

2. S_{zz} 应力变化规律

图 4-19 为不同巷道尺寸下巷道围岩的 S_{zz} 应力变化规律,从应力变化曲线可以看出:巷道开挖后,边帮 S_{zz} 应力在距离巷道中心 5.9 m 附近有应力集中现象,S_{zz} 应力先增大后减小。顶底板 S_{zz} 应力在距巷道中心 8.3 m 的范围内,随着距离巷道中心距离的增加逐渐增大。当巷道开挖断面尺寸增大时,所引起的集中应力量值在增加,应力集中区和应力释放区的范围基本上没有什么变化。

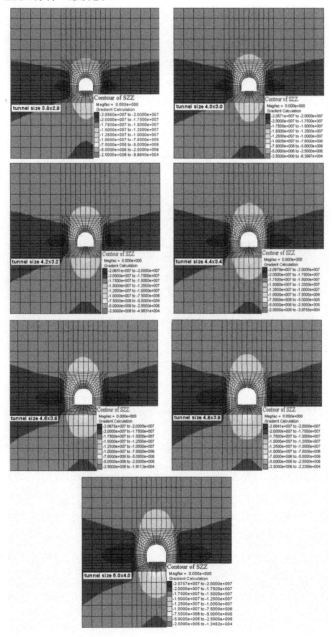

图 4-19　不同巷道尺寸下巷道围岩的 S_{zz} 应力变化规律

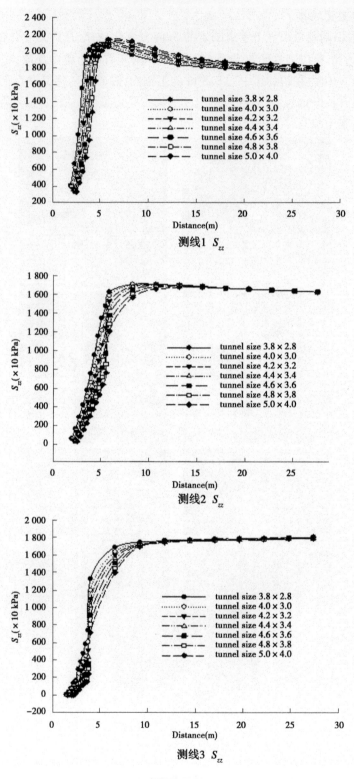

测线1　S_{zz}

测线2　S_{zz}

测线3　S_{zz}

续图 4-19

3. S_{xz} 应力变化规律

图 4-20 为不同巷道尺寸下巷道围岩的 S_{xz} 应力变化规律,从应力变化曲线可以看出:在巷道的边帮、顶底板都存在剪应力 S_{xz} 集中的现象。当巷道开挖断面尺寸变化时,所引起的剪应力 S_{xz} 集中位置基本上在距巷道中心 5 m 附近处变化。

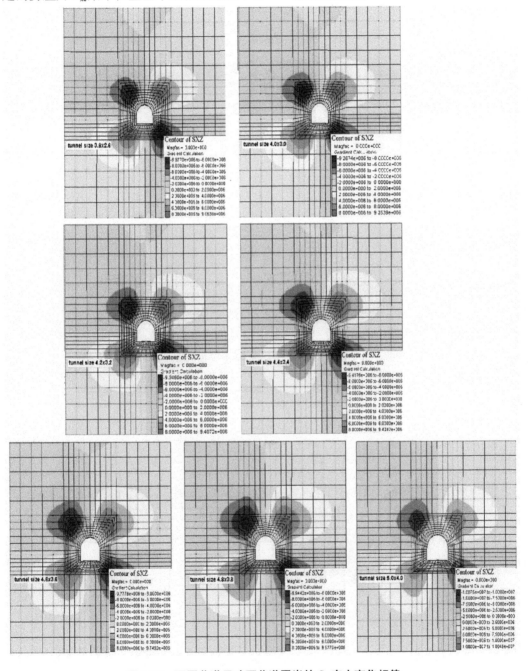

图 4-20　不同巷道尺寸下巷道围岩的 S_{xz} 应力变化规律

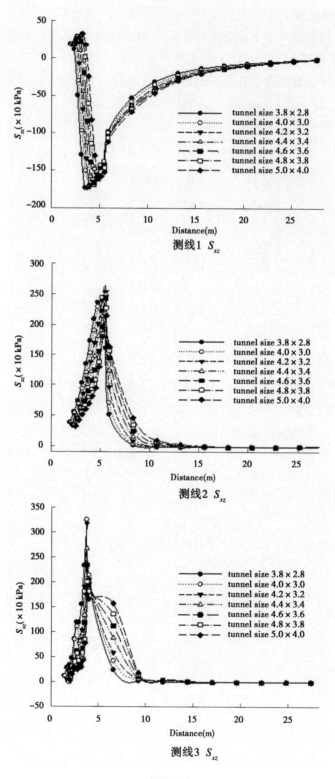

测线1 S_{xz}

测线2 S_{xz}

测线3 S_{xz}

续图 4-20

4.3.2.3　巷道围岩塑性区变化特征与巷道断面开挖尺寸大小的关系

图 4-21 为巷道不同开挖尺寸塑性区变化,从图中可以看出:当巷道开挖断面尺寸增大时,巷道围岩的塑性破坏区也在增大。

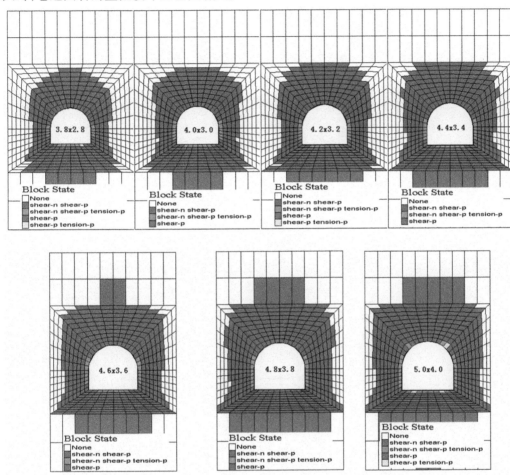

图 4-21　巷道不同开挖尺寸塑性区变化

4.3.3　岩体性质对巷道大变形的影响

4.3.3.1　变形模量

研究了变形模量为 3 GPa、6 GPa、9 GPa、12 GPa、15 GPa、18 GPa、21 GPa、24 GPa 时,巷道围岩的应力、位移及塑性区的变化规律。其他计算参数见表 4-2。

1. 巷道围岩位移变化特征与变形模量的关系

不同变形模量下巷道围岩位移变化规律见图 4-22。从图中可以看出:随着变形模量的增大,巷道围岩变形的位移量在减小,在变形模量小于 6 GPa 时,巷道围岩变形对变形模量的变化非常敏感,变形模量从 3 GPa 增加到 6 GPa,洞壁水平位移减少了 37.7 mm;而变形模量从 6 GPa 增加到 24 GPa,洞壁水平位移减少了 28.3 mm。

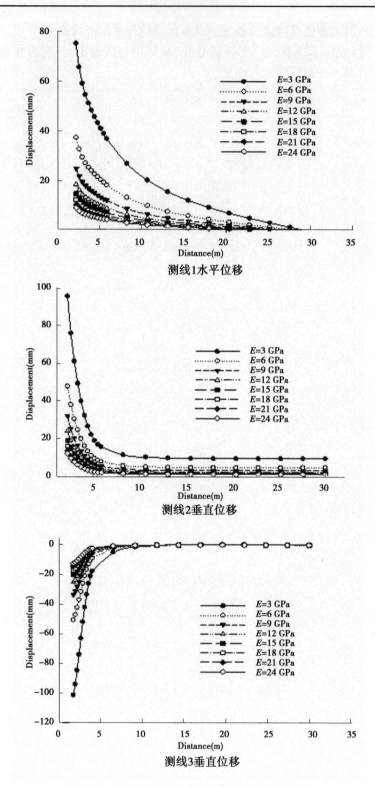

测线1水平位移

测线2垂直位移

测线3垂直位移

图 4-22　不同变形模量下巷道围岩位移变化规律

2. 巷道围岩应力变化特征与变形模量的关系

不同变形模量下巷道围岩应力变化规律见图 4-23,从图中可以看出:变形模量在 3 ~ 24 GPa 变化时,巷道围岩应力 S_{xx}、S_{zz} 及剪应力 S_{xz} 的大小和变化趋势基本上没有变化。

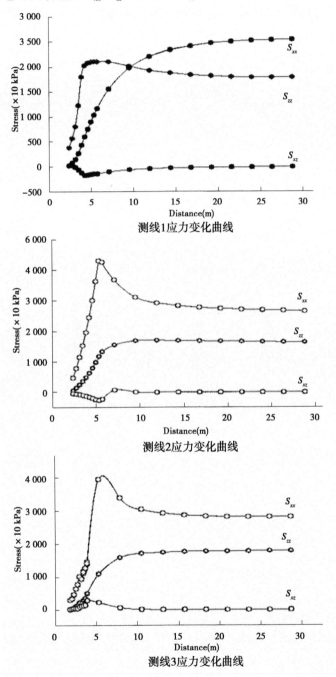

测线1应力变化曲线

测线2应力变化曲线

测线3应力变化曲线

图 4-23　不同变形模量下巷道围岩应力变化规律

3. 巷道围岩塑性区变化特征与变形模量的关系

不同变形模量下巷道围岩塑性区变化规律见图 4-24。从图中可以看出：变形模量从 3 GPa 增加到 24 GPa，达到塑性状态的单元个数变化不大，说明巷道围岩的破坏区域基本上没有变化。在巷道边帮和底板处均出现了张拉破坏单元。

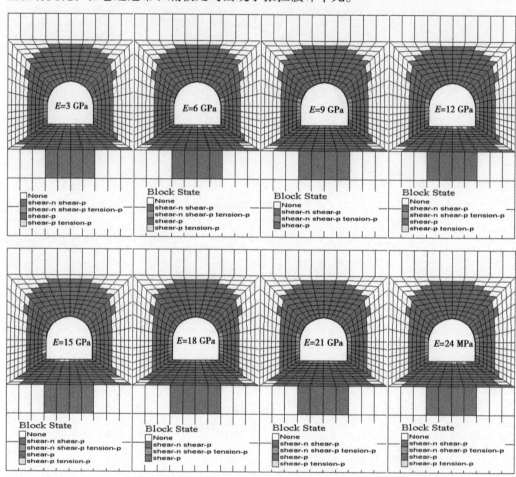

图 4-24　不同变形模量下巷道围岩塑性区变化规律

4.3.3.2　黏聚力

研究了黏聚力为 0.5 MPa、1.5 MPa、2.0 MPa、2.5 MPa、3.0 MPa、3.5 MPa、4.0 MPa 时，巷道围岩的应力、位移及塑性区的变化规律。

1. 巷道围岩位移变化特征与黏聚力的关系

图 4-25 为不同黏聚力下巷道基岩位移变化规律，从图中可以看出：随着黏聚力的增大，巷道围岩变形的位移值在减小。

2. 巷道围岩应力变化特征与黏聚力的关系

1）S_{xx} 应力变化规律

图 4-26 为不同黏聚力下巷道围岩的 S_{xx} 应力变化规律，从应力变化曲线可以看出：S_{xx}

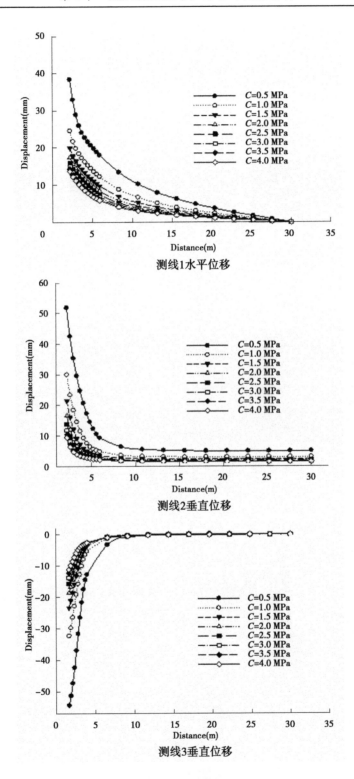

测线1水平位移

测线2垂直位移

测线3垂直位移

图 4-25　不同黏聚力下巷道基岩位移变化规律

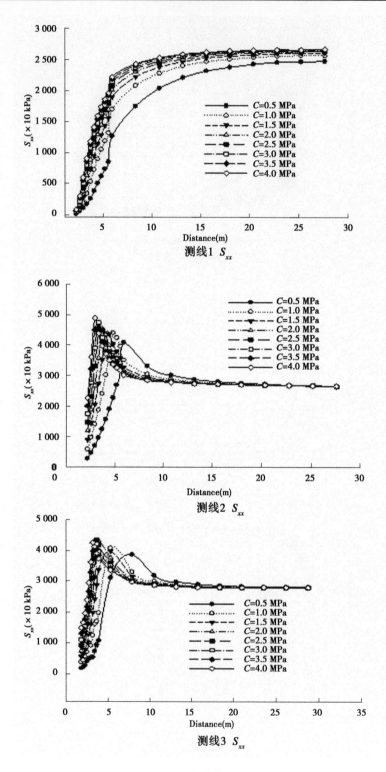

测线1 S_{xx}

测线2 S_{xx}

测线3 S_{xx}

图 4-26　不同黏聚力下巷道围岩的 S_{xx} 变化规律

应力在边帮附近一定范围内形成了应力释放区,在顶底板一定范围内形成了应力集中区。边帮应力 S_{xx} 随着距离巷道中心距离的增加逐渐增大。顶底板 S_{xx} 应力随着距离巷道中心距离的增加先增大后减小,存在应力集中现象。应力集中的位置随着黏聚力的增加,向洞壁方向移近。

2) S_{zz} 应力变化规律

图 4-27 为不同黏聚力下巷道围岩的 S_{zz} 应力变化规律,从应力变化曲线可以看出:边帮 S_{zz} 应力在距离巷道中心 4.6 m 附近有应力集中现象,应力集中的位置随着黏聚力的增加,向洞壁方向移近。

3) S_{xz} 应力变化规律

图 4-28 为不同黏聚力下巷道围岩的 S_{xz} 应力变化规律,从应力变化曲线可以看出:在巷道的边帮、顶底板都存在剪应力 S_{xz} 集中的现象。当黏聚力增大时,所引起的剪应力 S_{xz} 集中位置向洞壁方向移近。

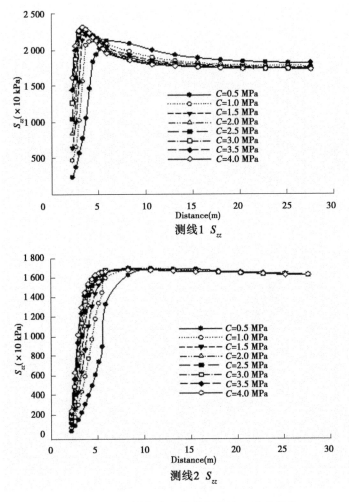

图 4-27　不同黏聚力下巷道围岩的 S_{zz} 变化规律

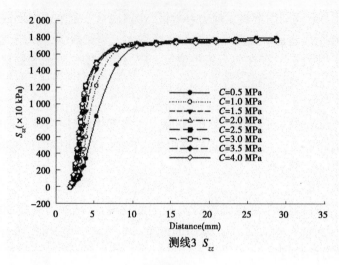

测线3 S_{zz}

续图 4-27

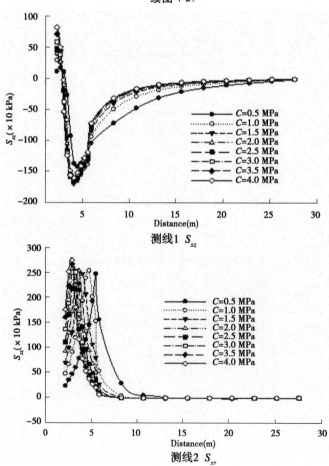

测线1 S_{xz}

测线2 S_{xz}

图 4-28 不同黏聚力下巷道围岩的 S_{xz} 变化规律

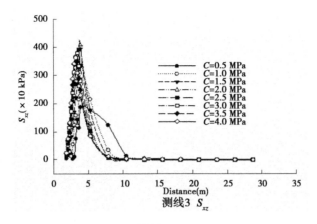

测线3 S_{xz}

续图 4-28

3. 巷道围岩塑性区变化特征与黏聚力的关系

图 4-29 为不同黏聚力下巷道围岩塑性区变化规律,从图中可以看出:黏聚力从 0.5 MPa 增加到 4 MPa,塑性区范围明显减小,在巷道边帮和底板处均出现了张拉破坏单元。

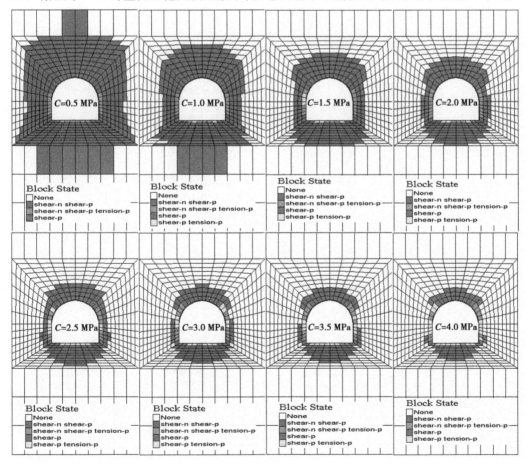

图 4-29　不同黏聚力下巷道围岩塑性区变化规律

4.3.3.3　摩擦角

研究了摩擦角为 20°、25°、30°、35°、40°、45°、50°、55°时,巷道围岩的应力、位移及塑性区的变化规律。

1. 巷道围岩位移变化特征与摩擦角的关系

不同摩擦角下巷道围岩变形曲线见图 4-30,从图中可以看出:在摩擦角小于 30°时,巷道边帮和顶底板位移变化范围比较大。

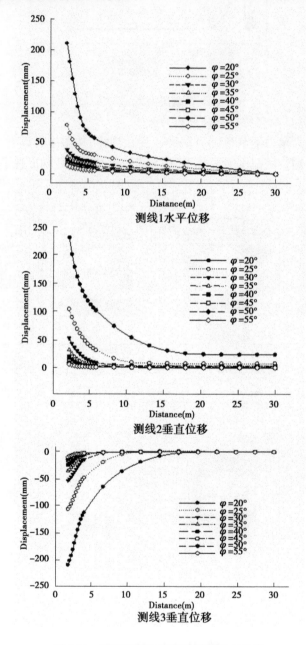

测线1水平位移

测线2垂直位移

测线3垂直位移

图 4-30　不同摩擦角下巷道围岩变形曲线

2.巷道围岩应力变化特征与摩擦角的关系

1)S_{xx}应力变化规律

图4-31为不同摩擦角下巷道围岩的S_{xx}应力变化规律,从应力变化曲线可以看出:S_{xx}应力在边帮附近一定范围内形成了应力释放区,在顶底板一定范围内形成了应力集中区。边帮应力S_{xx}随着距离巷道中心距离的增加逐渐增大。顶底板S_{xx}应力随着距离巷道中心距离的增加先增大后减小,存在应力集中现象。应力集中的位置随着摩擦角的增加,向洞壁方向移近。

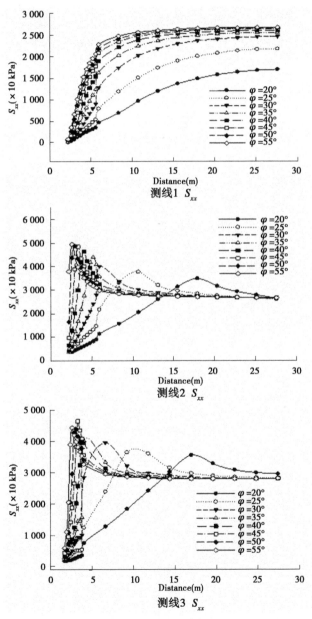

图 4-31　不同摩擦角下巷道围岩的S_{xx}变化规律

2）S_{zz}应力变化规律

图 4-32 为不同摩擦角下巷道围岩的 S_{zz} 应力变化规律，从应力变化曲线可以看出：S_{zz} 应力在边帮有应力集中现象，应力集中的位置随着摩擦角的增加，向洞壁方向移近，S_{zz} 应力先增大后减小。

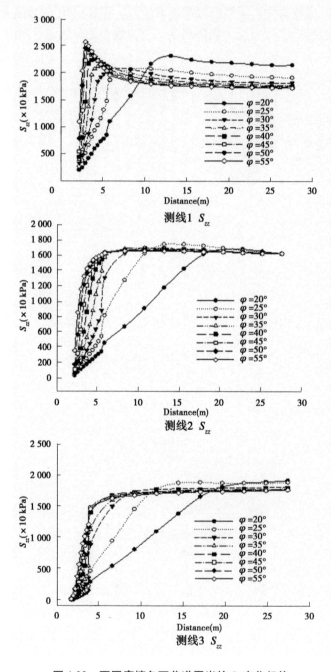

图 4-32　不同摩擦角下巷道围岩的 S_{zz} 变化规律

3）S_{xz} 应力变化规律

图 4-33 为不同摩擦角下巷道围岩的 S_{xz} 应力变化规律，从应力变化曲线可以看出：在巷道的边帮、顶底板都存在剪应力 S_{xz} 集中的现象。当摩擦角增大时，所引起的剪应力 S_{xz} 集中位置向洞壁方向移近。

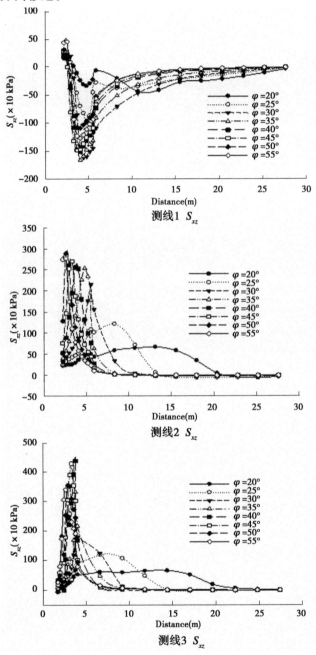

测线1 S_{xz}

测线2 S_{xz}

测线3 S_{xz}

图 4-33　不同摩擦角下巷道围岩的 S_{xz} 变化规律

3.巷道围岩塑性区变化特征与摩擦角的关系

不同摩擦角下巷道围岩塑性区变化见图4-34。从图中可以看出：摩擦角从20°增加到55°，塑性区范围明显减小。在摩擦角小于30°时，在巷道的边帮和顶底板均出现了张拉破坏单元，而且塑性变形区比较大。在摩擦角大于30°时，只在两帮和底板出现了张拉破坏单元，而且塑性区明显变小。

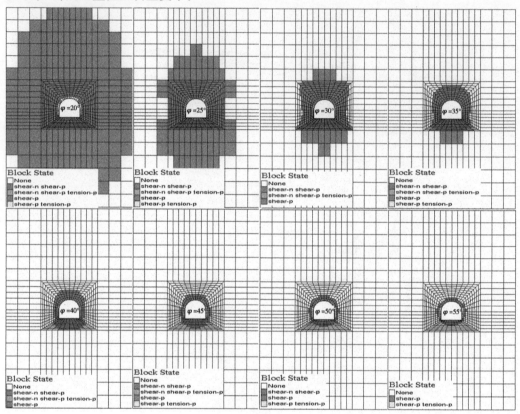

图4-34　不同摩擦角下巷道围岩塑性区变化

4.4　洞室大变形加固方案的数值分析

4.4.1　洞室加固的原理及原则

喷锚支护因其施工方便、劳动强度低等诸多优点，在生产实践中已被广泛应用。但是，在以前的支护过程中往往只加强支护体的强度，从而导致施工的盲目性大、支护效果差等问题。从以往实际工程可知，巷道变形破坏主要是支护体力学特性与围岩力学特性出现不耦合造成的，并且首先从某一关键部位开始，进而导致整个支护系统失稳。因此，有效地控制围岩的变形，必须满足巷道围岩与支护体强度、刚度及结构上的耦合。

（1）强度耦合。在开巷前，深部软岩巷道围岩内部积聚较大的变形能，开巷后，如果这些能量得不到充分释放就立即支护，尽管支护强度很大也不可能阻止其围岩的大变形，护体往往失效。如果围岩变形能得到充分释放,围岩的变形使软岩到达塑性,其本身仍具有较强的承载能力,尽管支护强度低也能控制住围岩的进一步变形破坏。

(2)刚度耦合。软岩巷道的破坏主要是由变形不协调而引起的,因此支护体的刚度应与围岩的刚度耦合。一方面支护体要具有充分的柔度,允许巷道围岩具有足够的变形空间,避免巷道围岩由变形而引起的能量聚集;另一方面护体又要具有足够的刚度,将巷道围岩控制在其允许变形范围之内,避免因过度变形而破坏围岩本身的承载强度。这样才能在围岩与支护体共同作用过程中,实现支护一体化、荷载均匀化。

(3)结构耦合。对于围岩结构面产生的不连续变形通过支护体对该部位进行加强耦合支护,限制其不连续变形,防止因个别部位破坏引起整个支护体的失稳,达到成功支护的目的。

由锚杆支护理论可知,锚杆支护的实质是锚杆与围岩的相互作用的结果,当打入锚杆后,使得巷道围岩受力状态发生改变。但在不同的阶段,锚杆与岩体相互作用机制有所不同。在早期阶段,由于巷道顶板破坏范围较小,此时锚杆的主要作用是控制顶板下部岩体的错动和离层失稳的发生;在中期阶段,岩层产生了一定的变形,由于岩石的流变效应,随着时间的推移,岩层强度不断降低,但锚杆深入稳定岩层时,其悬吊作用处于主要地位,同时由于锚杆的径向和切向约束,阻止破坏区岩层扩容、离层及错动;在后期阶段,围岩变形加大,锚杆受力加大,设计合理的情况下,只要锚杆不产生破坏,围岩的稳定层在锚杆的控制范围内,仍可以起悬吊作用,若稳定层上移,使锚杆完全处于破坏岩层中,则锚杆和破坏岩体仍可形成承载圈,具有一定的承载能力。

由于岩体开挖,顶部岩体要向下移动、变形,下部岩体和上部岩体的变形大小是不同的,锚杆的存在增大了岩体整体的刚度,使岩体的变形更加协调,下部岩体变形比上部岩体的变形要大得多,此时锚杆就处于一种受拉状态,当锚杆顶端深入稳定岩体中时,锚杆对下部岩体起着悬吊作用。只有当锚杆变形与围岩变形相协调时,能有效地控制围岩的变形。同样,锚喷和围岩的耦合作用十分重要,过强或过弱的锚喷支护,都会引起局部应力集中而造成巷道破坏。只有当锚喷和围岩强度、刚度达到耦合时,变形才能相互协调。达到耦合的标志是围岩应力集中在协调变形过程中,向低应力区转移和扩散,从而达到最佳支护效果。

4.4.1.1　围岩应力集中区向低应力区的转移现象

数值模拟研究结果表明,在巷道掘进初期,巷道围岩顶部应力迅速集中,巷道跨落危险区域;在实施喷锚耦合支护后,顶部应力集中区迅速下降,而边帮低应力区应力状态迅速提高,整个围岩不同部位应力状态趋于均匀化。由此可见,实施喷锚耦合支护技术以后,围岩支护状态从开放环境到封闭力学环境,围岩集中应力区向低应力区发生了转移和扩散。

4.4.1.2　围岩应力场和位移场的变化

随着围岩受力由集中应力区向低应力区转化,锚杆受力趋于均匀化,围岩应力场和应变场趋于均匀化。

在软岩巷道支护中,要遵循以下几方面原则。

1. 维护和保持围岩的残余强度的原则

一般软岩,在经受水或者风化影响后,强度将降低,所以开巷后应及时喷射混凝土以封闭岩面,防止围岩风化潮解,减少围岩强度的损失;施工过程中光面爆破等技术措施,有利于保持围岩的强度。

2. 提高围岩残余强度原则

(1)提高支护阻力,改善围岩应力状态。开巷后应尽快完成支护的主体结构使围岩由二向应力状态转为三向应力状态,从而提高围岩的残余强度。

(2)用锚杆支护加固围岩。试验证明,锚杆能利用其锚固力将破碎围岩锚固起来,恢复和提高破裂围岩的残余强度,形成具有较高承载能力和可塑性的锚层。锚杆锚固力大、密度高,这种加固作用就越明显。

(3)注浆加固。破碎严重的岩体,单纯依靠锚杆加固不能满足要求时,应考虑注浆加固,这是提高松动破碎围岩强度最有效的方法。注浆方式可以采用单独注浆或者外锚内注的“锚注式”锚杆。

3. 充分发挥围岩的承载能力的原则

充分发挥围岩的承载能力,主要体现在以下几个方面:

(1)圆形巷道原则。软岩巷道中,圆形巷道支护结构的承载能力最大(均匀应力场),采用圆形断面有利于提高围岩的承载能力,改善支护效果。

(2)全断面支护原则。软岩巷道支护所承受的荷载主要是围岩的变形压力,它来源于巷道的四周,包括巷道底板。如果底板不支护,它就是支护的一个薄弱点,很容易发生底臌现象,降低整个巷道支护结构的承载能力,导致支护失败。所以,软岩巷道底板必须予以支护。

(3)可缩性支护原则。软岩巷道中,围岩变形压力是支护的主要荷载,普通刚性支护难以适应,在大的变形压力下很快就会破坏,使围岩处于事实上的无支护状态,不利于发挥围岩的承载能力;对于可缩性支护,当变形压力超过围岩的承载能力后,支护体可缩让压,这一过程是减少支护受力,让围岩发挥更大承载能力的过程。所以,软岩巷道支护的主体结构必须是可缩性支护,如锚喷网支护。

(4)二次支护原则。理论和试验都已证明,软岩巷道采用一次强阻力刚性支护来维护围岩是不能成功的,因为它不适应软岩巷道初期变形量大、变形速度快的特点。为适应软岩的变形特征,应采取二次支护成巷的方法。一次支护主要是加固围岩,提高其残余强度,在不产生过度膨胀、剪胀变形的条件下,利用可缩性支护控制围岩变形卸压。二次支护要在围岩变形稳定后适时完成,给巷道围岩提供最终支护强度和刚度,以保持巷道较长时间的稳定性和安全储备。二次支护时机根据监测数据确定。

4.4.2　某洞室加固方案优化设计

某煤矿位于安徽省,位于向斜构造单元,其煤系地层全部隐伏在巨厚的第四系含水冲积层下。 -817 水平内水仓埋深约 $850\,\mathrm{m}$,该段围岩岩性以灰黑色粉砂质泥岩、炭质泥岩为主,岩性较差,膨胀性突出。岩石物理力学参数见表4-3,地应力测试结果见表4-4。

表4-3　粉砂质泥岩物理力学参数

岩性	弹性模量（GPa）	密度（g/cm³）	泊松比	内摩擦角（°）	黏聚力（MPa）	抗拉强度（MPa）	抗压强度（MPa）
粉砂质泥岩	2.4	2.52	0.26	25.45	1.1	1.57	33.07

表4-4　水平主应力的大小及其方向

最大水平主应力（MPa）	最小水平主应力（MPa）	最大水平主应力方位（°）	铅直应力（MPa）	侧压系数
19.26	17.13	351.4	17.20	1.12

根据地质资料,对其进行概化,建立数值计算模型,模型见图4-35。巷道宽度为3.9 m,帮高为1.0 m,上方是半径为1.95 m的半圆拱。根据第四章数值计算分析结果,取12倍巷道半径作为模型的边界。边界条件为:在 X 方向上,在模型左右边为应力边界条件,考虑自重应力和构造应力;在 Z 方向上,模型底部为固定边界条件,顶部为应力边界条件。

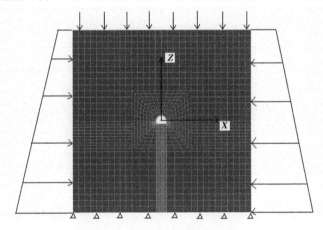

图4-35　数值计算模型

巷道支护效果最直观表现就在于巷道周边的变形位移。因此,本文选取顶板最大下沉量、最大底臌量、最大帮移近量作为正交试验考察的指标。

经过分析确定支护参数主要有以下四个方面:

(1)顶板锚杆:包括间距、长度和排距。

(2)帮锚杆:包括间距、长度和排距。

(3)底板锚杆:包括间距、长度、排距和角度。

(4)喷层厚度。

因此共11个因素。考虑到生产时间的可能和模拟设计的可行性,每种因素取三个水平,正交试验表为 $L_{27}(3^{13})$。试验参数水平见表4-5,参数正交试验设计见表4-6。

表 4-5　试验参数水平

因素	参数水平		
A 拱顶锚杆间距(m)	0.8	1.0	1.2
B 拱顶锚杆长度(m)	2.0	2.4	2.8
C 拱顶锚杆排距(m)	0.8	1.0	1.2
D 边帮锚杆间距(m)	0.8	1.0	1.2
E 边帮锚杆长度(m)	2.7	3.2	3.7
F 边帮锚杆排距(m)	0.8	1.0	1.2
G 底板锚杆间距(m)	0.9	1.2	1.8
H 底板锚杆长度(m)	1.8	2.4	2.9
I 底板锚杆排距(m)	0.8	1.0	1.2
J 底板锚杆角度(°)	0	30	45
K 喷层厚度(mm)	60	90	120

表 4-6　参数正交试验设计

计算工况	顶板			边帮			底板				喷层厚度
	间距(m)	长度(m)	排距(m)	间距(m)	长度(m)	排距(m)	间距(m)	长度(m)	排距(m)	角度(°)	(mm)
1	0.8	2.0	0.8	0.6	2.7	0.8	0.9	1.8	0.8	0	60
2	0.8	2.0	0.8	0.6	3.2	1.0	1.2	2.4	1.0	30	90
3	0.8	2.0	0.8	0.6	3.7	1.2	1.8	2.9	1.2	45	120
4	0.8	2.4	1.0	0.8	2.7	0.8	0.9	2.4	1.0	30	120
5	0.8	2.4	1.0	0.8	3.2	1.0	1.2	2.9	1.2	45	60
6	0.8	2.4	1.0	0.8	3.7	1.2	1.8	1.8	0.8	0	90
7	0.8	2.8	1.2	1.0	2.7	0.8	0.9	2.9	1.2	45	90
8	0.8	2.8	1.2	1.0	3.2	1.0	1.2	1.8	0.8	0	120
9	0.8	2.8	1.2	1.0	3.7	1.2	1.8	2.4	1.0	30	60
10	1.0	2.0	1.0	1.0	2.7	1.0	1.8	1.8	1.0	45	60
11	1.0	2.0	1.0	1.0	3.2	1.2	0.9	2.4	1.2	0	90
12	1.0	2.0	1.0	1.0	3.7	0.8	1.2	2.9	0.8	30	120
13	1.0	2.4	1.2	0.6	2.7	1.0	1.8	2.4	1.2	0	120
14	1.0	2.4	1.2	0.6	3.2	1.2	0.9	2.9	0.8	30	60
15	1.0	2.4	1.2	0.6	3.7	0.8	1.2	1.8	1.0	45	90

续表 4-6

计算工况	顶板			边帮			底板				喷层厚度（mm）
	间距（m）	长度（m）	排距（m）	间距（m）	长度（m）	排距（m）	间距（m）	长度（m）	排距（m）	角度（°）	
16	1.0	2.8	0.8	0.8	2.7	1.0	1.8	2.9	0.8	30	90
17	1.0	2.8	0.8	0.8	3.2	1.2	0.9	1.8	1.0	45	120
18	1.0	2.8	0.8	0.8	3.7	0.8	1.2	2.4	1.2	0	60
19	1.2	2.0	1.2	0.8	2.7	1.2	1.2	1.8	1.2	30	60
20	1.2	2.0	1.2	0.8	3.2	0.8	1.8	2.4	0.8	45	90
21	1.2	2.0	1.2	0.8	3.7	1.2	0.9	2.9	1.0	0	120
22	1.2	2.4	0.8	1.0	2.7	1.2	1.2	2.4	0.8	45	120
23	1.2	2.4	0.8	1.0	3.2	0.8	1.8	2.9	1.0	0	60
24	1.2	2.4	0.8	1.0	3.7	1.0	0.9	1.8	1.2	30	90
25	1.2	2.8	1.0	0.6	2.7	1.2	1.2	2.9	1.0	0	90
26	1.2	2.8	1.0	0.6	3.2	0.8	1.8	1.8	1.2	30	120
27	1.2	2.8	1.0	0.6	3.7	1.0	0.9	2.4	0.8	45	60

根据上述正交试验表进行数值计算，得出巷道拱顶沉降量、边帮移近量及底臌位移量，见表 4-7。

表 4-7 正交设计计算结果

计算工况	拱顶沉降（mm）	边帮位移（mm）	底臌量（mm）	计算工况	拱顶沉降（mm）	边帮位移（mm）	底臌量（mm）
1	28	30	78	15	30	33	68
2	28	31	78	16	38	42	83
3	26	31	75	17	34	36	75
4	24	35	87	18	39	42	76
5	24	32	70	19	34	34	85
6	24	35	70	20	31	29	83
7	27	37	84	21	34	33	63
8	29	36	82	22	41	34	73
9	28	36	65	23	42	42	81
10	34	34	91	24	38	34	73
11	35	37	68	25	34	39	89
12	31	28	71	26	33	36	76
13	30	30	85	27	35	39	67
14	31	36	81				

极差分析中,极差的大小顺序代表了各因子对指标影响大小的相应顺序。

4.4.2.1　拱顶沉降极差

拱顶沉降极差值见表 4-8 和图 4-36。

表 4-8　拱顶沉降极差值　　　　　　　　　　　　（单位:mm）

方案	A 拱顶间距	B 拱顶长度	C 拱顶排距	D 边帮间距	E 边帮长度	F 边帮排距	G 底板间距	H 底板长度	I 底板排距	J 底板角度	K 喷层厚度
K_{1J}	238	314	275	281	295	278	291	285	286	290	295
K_{2J}	302	274	282	284	285	291	285	290	290	287	285
K_{3J}	322	274	305	297	282	293	286	287	286	285	282
R_J	84	40	30	16	13	15	6	5	4	5	13

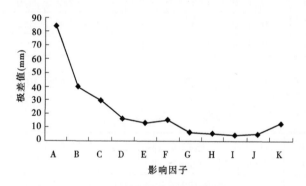

图 4-36　拱顶沉降极差值分布

由表 4-8 和图 4-36 可以看出:对拱顶最大沉降影响因子的主次顺序为 ABCDFEKJHGI。根据极差大小可以将上述因子分为三类:显著影响因子;有影响因子;无影响因子。其中 JHGI 为无影响因子。

由于拱顶沉降值越小越好,因此 $A_1B_3C_1D_1F_1E_3K_3$ 方案对抑制顶板下沉效果最好,即:拱顶锚杆间距取 0.8 m,拱顶锚杆长度取 2.8 m,拱顶锚杆排距取 0.8 m;边帮锚杆间距取 0.8 m,边帮锚杆排距取 0.8 m,边帮锚杆长度取 2.7 m;混凝土喷层厚度取 120 mm。

4.4.2.2　边帮移近量极差

边帮近移量极差值见表 4-9 和图 4-37。由表 4-9 和图 4-37 可以看出:对边帮近移量影响因子的主次顺序为 DFEKBACIHGJ,其中 DFE 为显著影响因子,KBAC 为有影响因子,GHIJ 为无影响因子。

同理,抑制边帮位移效果最好的方案为 $D_1F_1E_3K_3B_3A_1C_1$,即:边帮锚杆间距取 0.8 m,边帮锚杆排距取 0.8 m,边帮锚杆长度取 3.7 m;混凝土喷层厚度取 120 mm;拱顶锚杆长度取 2.8 m,拱顶锚杆间距取 0.8 m,拱顶锚杆排距取 0.8 m。

表 4-9　边帮沉降极差值　　　　　　（单位:mm）

方案	A	B	C	D	E	F	G	H	I	J	K
	拱顶间距	拱顶长度	拱顶排距	边帮间距	边帮长度	边帮排距	底板间距	底板长度	底板排距	底板角度	喷层厚度
K_{1J}	303	322	305	287	325	294	313	312	317	315	324
K_{2J}	318	315	318	311	317	318	312	311	309	315	312
K_{3J}	320	304	318	343	299	329	316	318	315	311	305
R_J	17	18	13	56	26	35	4	7	8	4	19

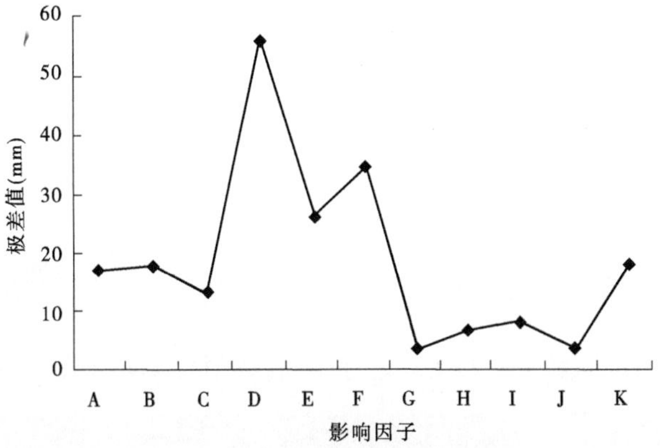

图 4-37　边帮沉降极差值分布

4.4.2.3　底板底臌量极差

底板底臌量极差值见表 4-10 和图 4-38。

表 4-10　底臌位移极差值　　　　　　（单位:mm）

方案	A	B	C	D	E	F	G	H	I	J	K
	拱顶间距	拱顶长度	拱顶排距	边帮间距	边帮长度	边帮排距	底板间距	底板长度	底板排距	底板角度	喷层厚度
K_{1J}	689	692	694	692	694	689	644	704	676	755	699
K_{2J}	698	689	692	688	692	692	696	692	692	694	692
K_{3J}	690	692	688	696	687	694	737	681	709	628	686
R_J	9	3	6	8	5	5	93	23	33	127	13

由表 4-10 和图 4-38 可以看出:对底板底臌量影响因子的主次顺序为 JGIHKADCEFB,其中 JGIH 为显著影响因子,K 为影响因子,ADCEFB 无影响因子。

同理,对抑制底板底臌量效果最好的方案为 $J_3G_1I_1H_3K_3$,即:底板锚杆倾角取 45°,底板锚杆间距取 0.9 m,底板锚杆排距取 0.8 m,底板锚杆长度取 2.9 m;喷层厚度取 120 mm。

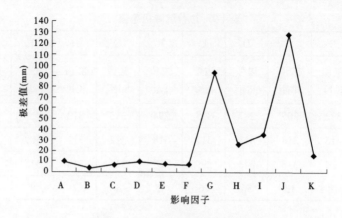

图 4-38　底板底臌量极差值分布

　　由于锚杆支护设计为多指标正交设计,在对各指标极差分析的基础上综合分析,最终确定锚杆最优支护方案为 $A_1B_2C_1D_1E_3F_1G_1H_3I_1J_3K_3$,即:拱顶锚杆间距取 0.8 m,长度取 2.4 m,排距取 0.8 m;边帮锚杆间距取 0.8 m,长度取 3.7 m,排距取 0.8 m;底板锚杆间距取 0.9 m,锚杆长度取 2.9 m,排距取 0.8 m,锚杆倾角取 45°;喷层厚度取 120 mm。

4.4.3　方案效果模拟

　　采用上述优化加固方案对煤矿巷道进行加固,数值计算模型如图 4-39 所示。

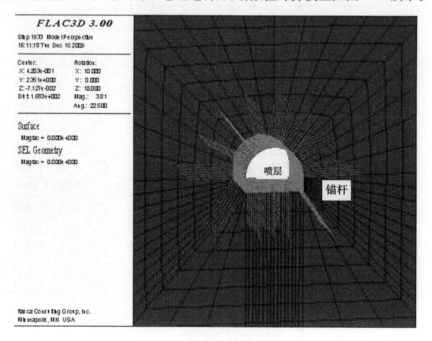

图 4-39　锚喷加固数值计算模型

4.4.3.1　加固前后塑性区变化

　　图 4-40 为巷道加固前后塑性区变化图,从图中可以明显地看出锚喷加固后围岩的塑

性区减小,说明支护措施对围岩塑性区的发展有一定的抑制作用。

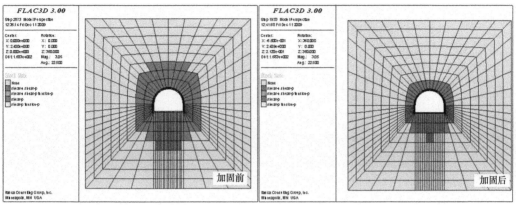

图 4-40　巷道加固前后塑性区变化

4.4.3.2　加固前后位移变化

图 4-41 和图 4-42 分别为加固前后巷道的垂直位移等值云图和水平位移等值云图,从图中可以看出,加固前拱顶最大沉降、底板底臌量、边帮水平位移分别为 8.4 cm、12.5 cm、7.5 cm;加固后位移值分别变为 1.8 cm、4.5 cm、1.9 cm;顶板沉降位移减少了 78.5%,底臌位移减少了 64%,边帮位移减少了 74.5%。

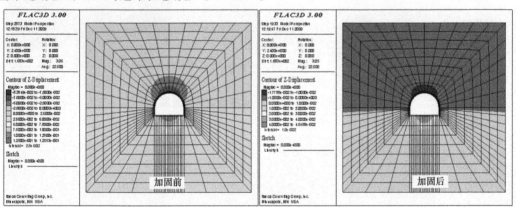

图 4-41　加固前后巷道垂直位移等值云图

4.4.3.3　加固前后应力变化

图 4-43 ~ 图 4-45 分别为加固前后 S_{xx} 水平应力云图、S_{zz} 垂直应力云图及 S_{xz} 剪力等值云图,从图中可以看出支护后的应力集中区域减小,卸荷区的面积也减小,而且支护后与未支护相比,卸荷区的应力有所增加,即巷道周边围岩应力成梯度均匀分布,说明支护加强了开挖卸荷后松动塑性破坏围岩的整体强度,提高了围岩的支承能力,充分发挥了围岩的自承能力。

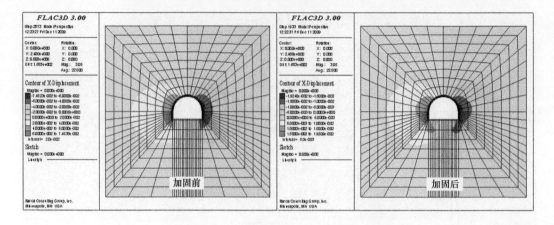

图 4-42　加固前后巷道水平位移等值云图

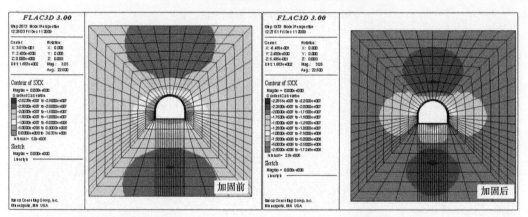

图 4-43　加固前后 S_{xx} 水平应力等值云图

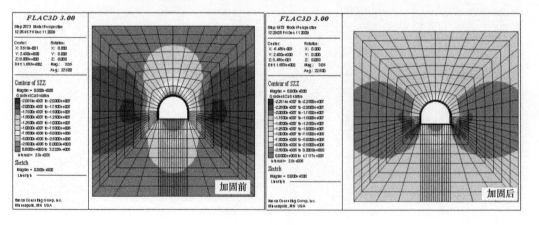

图 4-44　加固前后 S_{zz} 垂直应力等值云图

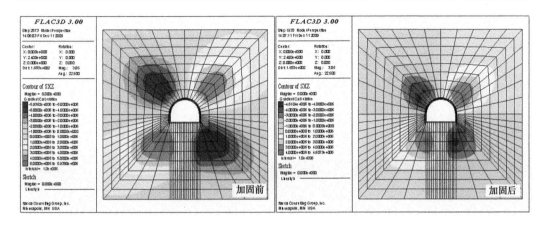

图 4-45　加固前后 S_{xz} 剪力等值云图

第 5 章　深埋硬岩洞室冲击地压
机制物理模型试验

5.1　硬岩洞室冲击地压机制探讨

5.1.1　冲击地压机制的经典理论

冲击地压是当前地质工程研究热点,各国学者先后从不同的角度提出了一系列经典的冲击地压理论,主要包括强度理论、刚度理论、能量理论、冲击倾向性理论、"三准则"理论,以及失稳理论等。

5.1.1.1　强度理论

当煤岩体所受载荷达到其承载极限时,煤岩体就会发生失稳破坏,产生冲击地压。其中具有代表性的是 Brauner 的夹持煤体理论。强度理论在解释岩冲击失稳机制时,具有简单、直观和便于应用的特点,但对冲击地压的动力学特征描述不足,忽视了系统的时序特征。同时,该理论虽可以解释一些冲击地压现象,但也存在一些不足,如地下工程由于应力集中,使局部应力超过煤岩体强度极限而未发生冲击现象(如巷道、煤柱等),该理论对其无法进行合理的解释。这说明强度理论作为冲击地压发生条件的唯一判据是不够充分的。

5.1.1.2　刚度理论

煤岩体受力屈服后的刚度大于围岩及支架的刚度,是发生冲击地压的必要条件。刚度理论在矿柱冲击情况下较为适用,不适用于巷道或采场等其他冲击情况,Salaman 和 Brady 将其发展到可分析计算多个矿柱的冲击问题。矿柱冲击问题在多个矿柱的情况下,刚度依然难以计算。这是由于刚度理论虽说明了冲击地压发生的必要条件,但未考虑其与煤岩物理力学性质的关系,也就是说,该理论不能正确反映这一基本事实,煤体本身在煤－岩力学系统中既积蓄能量还可以释放能量。

5.1.1.3　能量理论

Cook 等在对南非金矿冲击地压现象的研究过程中,比较了重力作用下有无硐室时储存于矿层上方和下方岩石中的总弹性能,二者之差称为能量释放量。研究发现当煤体－围岩体系在其力学平衡状态受到破坏时,若所释放的能量大于所消耗的能量,就会发生冲击地压。该理论从能量转化的角度解释了冲击地压的成因,但没有说明煤体－围岩体系力学平衡状态的性质及其破坏条件。因此,将能量理论作为判断冲击地压发生的依据,缺乏必要条件。

5.1.1.4　冲击倾向性理论

针对在相同地质和开采条件下不同煤层是否会发生冲击地压这一事实存在很大差

异,Bieniawski 等认为这是由煤岩固有的力学性质差异造成的,并将其称为冲击倾向性。然而,冲击地压的发生既与煤岩体固有属性有关,也与其地质赋存环境及采动因素有很大关系。此外,实际的煤岩物理力学性质随开采地质条件不同而存在很大的差异,实验室测定结果一般无法代表各种环境下的煤岩性质,这也说明了倾向性理论的局限性。

5.1.1.5　"三准则"理论

在强度理论、能量理论和冲击倾向性理论的基础上,李玉生将上述三种理论结合起来,认为强度准则是煤岩体的破坏准则,能量准则和冲击倾向性准则是突然破坏准则,只有同时满足这三个准则时,冲击地压才会发生。该模型较全面地揭示了冲击地压发生机制,但这只是一个原则性的表达式,未给出三个准则的具体表达式,特别是强度准则和能量准则,由于影响因素众多,难以确定各个参数,在工程中难以有效应用。

5.1.1.6　失稳理论

章梦涛等认为冲击地压是煤岩体的一种材料失稳破坏现象,煤岩体受采动影响后在采场周围形成应力集中现象,若超过其峰值强度,就会变成应变软化材料且处于非稳定平衡状态,在外界扰动下发生失稳冲击。该理论比较符合采矿现场实际,从而得到了广泛应用。但由于上述失稳理论是通过泛函形式表示的,难以有效应用,因而在指导冲击地压防治方面,具有局限性。

5.1.2　冲击地压机制的新兴学科和理论

近年来,随着交叉学科的发展以及数学、力学等方法在冲击地压研究中的应用,断裂力学、损伤力学、分形理论和突变、分叉、混沌等非线性理论方法,为冲击地压机制的研究开辟了新的路径。

Vesela、Beck 等提出了能量集中存储因素和冲击敏感因素等概念。Lippmann 提出了以结构失稳概念为出发点的煤层冲击"初等理论",并建立了煤层与顶底板间发生层间相对滑动的冲击地压模型。尹光志、鲜学福等在现场实测发现应力的大小和方向对煤岩冲击失稳影响显著,分析了水平应力和垂直应力控制的空间煤(岩)体系统失稳的分叉集,以及由于它们的变化而产生的煤岩状态突变过程,从而建立了煤岩体失稳的突变理论模型。潘一山、费鸿禄、徐曾和分别用突变理论解释了采场煤(岩)柱的非稳定问题,并得到了煤(岩)柱发生冲击失稳的判据。唐春安、潘岳等用突变理论分析了断层诱发型冲击地压问题,给出了煤岩体系统冲击失稳的临界条件与能量释放量表达式。

谢和平等在微震事件分布的基础上将分形几何学、损伤力学引入冲击地压发生机制的研究,认为冲击地压实际上等效于岩体内破裂的一个分形集聚,其能量耗散随分维数的减少而按指数规律增加,当分维数减至最小值时意味着能量耗散最剧烈从而产生冲击地压。李廷芥等研究了岩石在单轴压缩条件下裂纹扩展的分形特征,讨论了分维值与岩石组分及应力状态间的关系,并根据这一关系分析了岩爆发生机制。潘一山等采用分形几何学理论研究了煤体在受震后裂隙的变化规律,提出用煤体振动方法控制冲击地压的理论。李玉等研究了冲击地压发生前微震活动时空变化的分形特征,发现区域冲击危险性随微震事件空间分布分维数的减少而增大。

认识到受载煤岩的蠕变流变特性后,齐庆新等分析了煤岩的摩擦滑动性状及稳定性,用摩擦滑动中的黏滑现象解释了冲击地压的发生机制,并提出了煤岩体结构破坏的"三因素准则"。徐曾和、徐小荷提出了黏弹性顶板下煤柱冲击的简单力学模型,并用尖点突变理论讨论了岩爆的非稳定机制。周晓军、鲜学福试验研究了煤岩黏弹性蠕变特征,提出了以煤的黏弹性蠕变柔度系数作为煤体蠕变失稳的判据,并给出了以此划分冲击倾向度强弱的分级标准。缪协兴等针对高应力水平下围岩裂纹的亚临界扩展,建立了与时间相关的裂纹亚临界扩展方程,将时间参量引入冲击地压判据。张晓春分析了板梁稳定性的时间分叉特性,认为岩体的流变性质与板梁失稳密切相关,并对深部矿井延迟性岩爆发生机制进行了初步分析。窦林名、何学秋建立了煤岩体冲击破坏的弹 - 黏 - 脆性体突变模型,分析了煤体材料在应力作用下的脆性破坏特征及时间效应,较好地解释了冲击地压的发生机制。

5.1.3　冲击地压的层裂板结构演化理论

大量现场资料统计分析表明,冲击地压多发生在回采巷道高应力集中区,同时还发现,巷道附近围岩内部裂纹扩展是造成冲击地压的最主要的原因。煤岩体内缺陷会沿最大主应力方向产生张性翼裂纹,且裂纹的扩展受侧压影响显著:侧压较大时,裂纹稳定扩展,达到一定长度后止裂;侧压适中时,材料以位错或剪切失效形式破坏;侧压为零或较小时,裂纹沿最大主应力方向扩展,最终材料沿最大主应力方向发生劈裂破坏。

Dyskin 对壁面附近裂纹扩展方式及裂纹贯穿后的壁面稳定性进行了分析,认为压应力集中造成初始裂纹以稳定的方式在平行于最大压应力的方向进行扩展,这种扩展与自由表面相互作用加速了裂纹的增长,并最终导致失稳扩展,裂纹面出现分离,分离层屈服破坏后形成冲击矿压。此外,还建立了一个二维裂纹扩展模型以计算非稳定裂纹起裂点的应力大小。

康红普认为两帮围岩的相对移近挤压会在底板内部形成离层和板结构,给出了底板弯曲位移表达式并分析了巷道及硐室底板的稳定性,运用底板的压曲理论很好地解释了底臌型冲击地压。冯涛认为井下硐室附近存在周向压应力,当其达到一定值时煤岩体内初始裂纹将会在平行或偏向最大主应力方向扩展,进而相互连接形成一长的薄片状岩层,从而建立了岩爆发生的层裂屈曲模型。他认为岩爆的发生与分裂层屈曲断裂有关,岩体分裂层屈曲断裂的最小长度可以通过板的稳定性来估算,如果岩体分裂层足够长,将会发生岩爆。左宇军、李夕兵等通过引入一个表征硐室围岩内层岩体对外层岩体约束作用的函数,建立了符合实际的硐室层裂屈曲岩爆的突变模型,并得出了硐室层裂屈曲岩爆在准静态破坏条件下的演化规律。此外,还建立了动力扰动下硐室层裂屈曲岩爆的非线性动力学模型。

张晓春、缪协兴等对近表面裂纹扩展、壁面局部稳定性作了初步的研究,认为煤壁附近应力集中区内周期裂纹的扩展贯通可形成层裂板结构,建立了能够反映裂纹贯通方式及过程的周期性滑移裂纹模型,煤壁的稳定性取决于板结构的稳定性,以此对片帮型冲击地压进行了分析。卢爱红分析了冲击地压的层裂板模型,利用 LS - DYNA 软件研究了应力波作用下围岩层裂结构的形成机制,描述了冲击地压发生时的剥离薄层屈曲失稳过程。秦昊基于巷道围岩变形及破坏特征,建立了巷道煤帮层裂板结构的力学模型和层裂结构的稳定性及突变失稳机制和层裂结构形成及屈曲失稳的规律,并数值模拟了动力扰动对层裂结构稳定性的影响。

另外,谭以安为岩爆板状破坏机制作了定性描述,王敏强和侯发亮建立了岩爆产生的板梁失稳力学模型,康政虹模拟发现硐室的层裂屈曲岩爆经历了"劈裂成板 – 剪断成块 – 块片弹射"的渐进破坏全过程的动力现象。层裂板结构的形成机制已经趋于成熟,但从能量耗散的角度对其进行分析的文献还不多见。

目前,根据冲击地压发生过程,认为它是动载和静载组合作用的结果。静载相当于巷道周边的压力,只要采掘开巷道,就会在巷道围岩内伴随出现。煤岩层破裂产生扰动,引起瞬间加载,和已存在的静载相叠加,若叠加值超过煤岩体强度极限,会使原来三向或者双向受力变成单向受力,从而引发煤体的瞬间抛出。

综上所述,国内外很多学者从不同角度对冲击地压的发生条件和过程进行了系统的描述、研究和论证,探讨了不同条件下冲击地压的产生机制,取得了很多宝贵的成果。然而,由于冲击地压机制复杂,影响因素众多,到目前为止并未真正完全掌握其发生机制和发展规律,还没有提出具有普遍意义的冲击地压准则与判据。冲击地压机制研究至今仍是岩石力学和采矿工程中最困难的研究课题之一。

本章洞室冲击地压物理模型的理论是依据冲击地压发生时动载和静载组合作用的结果,利用静载模拟洞室经受静止压力,利用爆炸荷载模拟冲击力。

5.2　相似设计

5.2.1　试验概况

本文试验目的是基于爆炸荷载和静载共同作用下,在室内重现巷道冲击地压现象;分析在静载作用的基础上,经受爆炸冲击荷载作用之后,巷道冲击地压的破坏特征和洞壁受力及变形特征。采用爆炸荷载和静载共同作用下室内洞室模型试验技术,针对均质岩体和节理岩体两种岩体结构开展试验,分析岩体结构对冲击地压的影响。

无支护措施巷道冲击地压模型试验共进行 4 次。第 1 次采用层状模型体,未能出现抛掷型冲击地压现象;第 2 次采用中间部位为小块状的模型体,出现了抛掷型冲击地压现象,但测试仪器未能采集到有效数据;第 3 次采用中间部位为小块状的模型体,但由于养护问题,未能出现抛掷型冲击地压现象;第 4 次采用中间部位为小块状的模型体,出现抛掷型冲击地压现象并成功采集到有效数据。

基于爆炸和静载共同作用下的巷道冲击地压模型试验,采用华北水利水电大学与总参工程兵科研三所共同研制的"YDM – D 型岩土工程结构模型试验机"。模型试验中洞室尺寸设计如下:直墙拱顶型深井巷道跨度取 30 cm,墙高取 8 cm,拱高取 15 cm,拱部弧半径为 15 cm,模拟洞室设定在装置的正中间,见图 5-1。

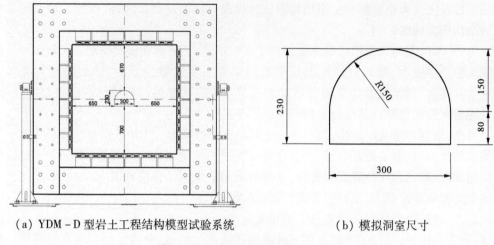

（a）YDM－D 型岩土工程结构模型试验系统　　　　（b）模拟洞室尺寸

图 5-1　模型试验系统及模拟洞室尺寸　（单位：mm）

5.2.2　相似设计

由于目前尚未建立可表征巷道冲击地压整个破坏过程特征的数学方程,应采用量纲分析法来研究其相似准则。根据量纲分析,对于岩体介质材料,模型试验可能发生的物理现象 Q 主要与下列物理量有关:

（1）岩体介质参数:密度 ρ、弹性模量 E、抗压强度 R_c、抗拉强度 R_t、泊松比 μ、黏聚力 c、内摩擦角 φ。

（2）巷道的几何尺寸参数:跨度 D、高度 H、拱顶半径 R。

（3）煤的开采模式等。

（4）按照弗劳德(Froude)相似准则的模型试验,与原型试验一样是在相同的重力场进行,即 $K_g = 1$,这样模型材料不能与原型材料相同,需要按照 $K_\sigma = K_l \cdot K_\rho$ 的要求配制模型材料。

国内外学者按照弗劳德相似准则进行的大量模型试验表明,模型试验结果与原型试验结果吻合情况较好,这说明采用该准则进行模拟试验是可行的,可用来揭示地下结构受力特性。本项目也采用弗劳德相似准则来设计和进行模型试验。

在同一个试验中要全部满足上述全部参数相似要求极为困难,应根据试验目的以及突出主要矛盾的原则对试验进行适当简化。按照弗劳德比尺要求,模型材料应该满足下列关系:

（1）具有应力量纲的量: $K_\sigma = K_l \cdot K_\rho$。

（2）应变: $K_\varepsilon = 1$。

（3）泊松比: $K_\mu = 1$。

（4）摩擦角: $K_\varphi = 1$。

另外,由于工程实际非常复杂,完整、全面、逼真地模拟实际状况比较困难。在模型试验设计时,作了如下简化假设:

（1）只考虑深部岩体所受到的高地应力作用，不考虑构造应力等其他应力作用。

（2）不考虑材料的流变特性。

（3）不考虑深部岩体高温对巷道破坏的影响。

（4）不考虑相似材料的自重。

本次试验是在重力场中进行爆炸试验，故加速度比尺 $K_g = 1$。根据弗劳德比例定律的要求：

$$K_\sigma = K_\rho K_g K_L = K_\gamma K_L \tag{5-1}$$

式中，K_γ 可为任意值，因而原型和模型的应力比尺、几何比尺可独立选取。

从试验精度要求和试验工作量等方面考虑，初步确定本次试验几何比尺 $K_L = 1/20$，应力比尺 $K_\sigma = 1/20$。

模型试验中洞室尺寸设计如下：直墙拱顶型深井巷道跨度取 30 cm，墙高取 8 cm，拱高取 15 cm，拱部弧半径为 15 cm，模拟洞室设定在装置的正中间，见图 5-1。被模拟巷道的尺寸为跨度长 600 cm，墙高为 160 cm，拱高为 300 cm，拱部弧半径为 300 cm。

根据上述比例关系，由原型材料换算为模型材料的参数见表 5-1。

表 5-1　模型材料参数

模型材料指标	抗压强度 R_c（MPa）	抗拉强度 R_t（MPa）	黏聚力 c（MPa）	内摩擦角 φ（°）	变形模量 E_m（MPa）	泊松比 μ	密度 γ（kg/m³）
原岩（Ⅲ）	30	1.4	1.5	45	5 000	0.25	2 800
模型材料	1.5	0.07	0.07	45	250.0	0.25	1 800

根据以往经验，模拟围岩材料选择低标号水泥砂浆，模型体制作采用夯实成型法，28 d 后强度可以达到要求。由于实际工程中均质岩体较少，第一类试验模拟水平层状岩体，第二类试验模拟交叉节理岩体。

5.3　相似材料

相似材料采用低标号水泥砂浆，其重量配合比为水泥∶砂∶水 = 1∶11∶1.2。砂浆拌和后，制作模型，同时制作成标准小试件，尺寸为 $\phi 5$ cm × 10 cm，夯实成型后脱模并埋入相应用料的砂堆中。模型试验施加静载的同时，完成小试件的力学参数试验。

小试件的单轴轴向压缩应力应变曲线见图 5-2。结果表明，相似材料在单轴压缩应力下呈现脆性破坏，单轴抗压强度为 2.1 MPa，弹性模量为 250 MPa，峰值应变为 0.28%。

5.4　试验加载方案及测试内容

5.4.1　加载方案及测试模式

巷道冲击地压模型试验采用静载及爆炸荷载共同作用的方法。试验可分三个步骤。

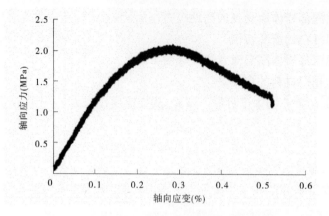

图 5-2　模型材料单轴轴向压缩应力应变曲线

第一步,静载自由场模拟;第二步,静载与爆炸荷载共同作用下的自由场模拟;第三步,静载作用下开洞后,不同爆炸荷载下无支护和有支护措施下巷道冲击地压的模拟。

5.4.1.1　静载施加方法

试验中加载时采用分级加载,共分 6 级,模型体的竖向加载最终值为 2.1 MPa,水平向最终荷载为 0.7 MPa。详细加载方案见表 5-2。

表 5-2　静载分级施加方案

加载要求	主应力(MPa)		侧压(MPa)		说明
	设定值	表盘读数 (第Ⅷ表盘)	设定值	表盘读数 (第Ⅱ、Ⅲ、Ⅳ、 Ⅴ、Ⅵ、Ⅶ表盘)	
初始地应力	0.35	1.2	0.12	0.4	
	0.70	2.4	0.23	0.8	
	1.05	3.6	0.35	1.2	
	1.40	4.8	0.47	1.6	
	1.75	6.0	0.58	2.0	
	2.10	7.2	0.70	2.4	

5.4.1.2　动载及静载共同施加方法

爆炸荷载采用导爆索 + TNT 炸药的作用模式。一般进行四次爆炸试验,第一次是静载施加完成后,于模型体内右侧进行导爆索 + 10 g TNT 动载自由场试验;第二、三和四次是洞室开挖完成后,保持静载稳定条件下,在模型体内左侧进行试验,其装药量分别为导爆索 + 10 g TNT、导爆索 + 15 g TNT 和导爆索 + 20 g TNT。

5.4.1.3　测试方法

静力加载时采用江苏东华应变采集箱,以采集模型体内静态应力应变值,动载作用下采用成都泰斯特动态采集仪,测试模型体内动态应力、应变和加速度值。数据采集设备见图 5-3 和图 5-4。

　　图 5-3　静应变采集系统　　　　　　　　　　图 5-4　动应变采集系统

　　在模型体施加初始地应力阶段,采用静态测试系统;开展动态自由场试验时,把静态测试方式转变为动态测试。洞室开挖时,保持初始地应力场恒定,把动态测试转化为静态测试。洞室开挖完成后,保持初始地应力场恒定,把静态测试再转化为动态测试,开展 3 次爆炸荷载试验。动态测试和静态测试方式转变通过图 5-5 开关模式来调节。

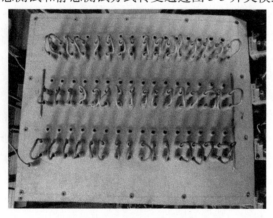

图 5-5　动、静测试模式转换装置

5.4.2　测试内容与测点布置

　　测试内容主要是测试模型体及洞室内部静压力、静态变形场分布特征和动压力、动变形及加速度场的分布特征。测试元件主要采用静压力、动压力传感器,应变片和加速度传感器等。

5.4.2.1　压力传感器设置

　　在模型体内布置 2 个压力测点,见图 5-6 中 P1 和 P2 测点,其类型为压电型压力传感器。测点均布置在距中间截面 1 cm 的一侧模型体内(模型体厚度为 40 cm),尽量靠近中间截面(距中间截面的距离不能超过 2 cm)。

5.4.2.2　加速度传感器设置

　　在模型体内布置了 2 个三向加速度传感器,见图 5.7 中 A1 和 A2 测点。加速度测点均布置在距中间截面 1 cm 的另一侧模型体内(模型体厚度为 40 cm),尽量靠近中间截面

(距中间截面的距离不能超过 2 cm),并紧靠洞壁(距洞壁距离不超过 1 cm)。当夯筑模型至加速度测点位置处时,将测点位置的模型材料掏出,固定传感器,并形成一个小的临空面,然后回填材料。

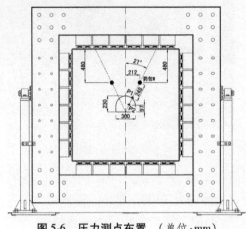

图 5-6   压力测点布置   (单位:mm)

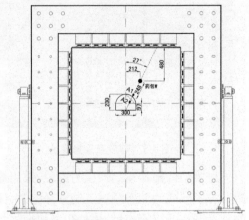

图 5-7   加速度测点布置   (单位:mm)

5.4.2.3   应变片设置

当夯筑模型体至中间截面时,在拟开洞边布置 12 个环向应变测点,洞顶、底板及右侧洞壁外各布置 4 个应变测点,共布置 24 个应变测点,如图 5-8 所示。所有的应变测点均布置在模型体中间截面上。

5.4.2.4   炸药的布置

每个模型体的爆炸试验均分 2 个模式。第 1 个模式为模型体自由场爆炸试验,测试模型体在静载作用下不开洞时的动应力应变场分布特征,该模式下只施加 10 g TNT 的爆炸荷载,炸药埋设在模型体右侧,具体位置见图 5-9。第 2 个模式为在静力荷载作用下模型体开洞后进行爆炸试验,测试在静载及爆炸荷载共同作用下的模型体内动应力应变场分布特征和洞室破坏特征,一般进行 3 次爆炸试验,其药量分别为 10 g、15 g、20 g,炸药埋设在模型体左侧,具体位置见图 5-9。

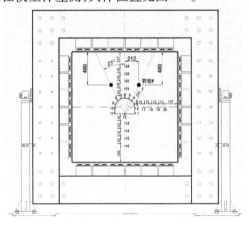

图 5-8   洞壁应变测点布置   (单位:mm)

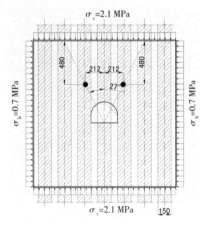

图 5-9   炸药布置   (单位:mm)

5.4.3　测试元件和炸药包的加工与埋设

5.4.3.1　测试元件的加工与埋设

1.测试元件的加工

先在应变片 2 面刷胶水,在其上均匀撒细砂,焊接连接线,待固化后留作埋置于模型体内,见图 5-10。把静压力、动压力传感器和加速度传感器分别焊接连接线,留作以后使用,见图 5-11。

图 5-10　加工后的应变片

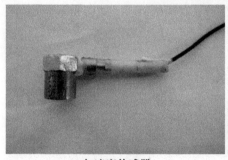

(a) 加速度传感器

(b) 动压力传感器

图 5-11　传感器

2.测试元件的埋设

(1)位置模板的制作。根据测试元件埋设位置,先制作其定位模板。把测试元件定位模板放置于模型中间层,见图 5-12。

(2)埋设。确定埋设元件的位置,并挖出相应的大小孔,见图 5-13,把应变片、静动压力传感器和加速度传感置于一侧孔壁,其余部位用料填充密实,把连接线通过制作的凹槽引到模型外侧,见图 5-14。

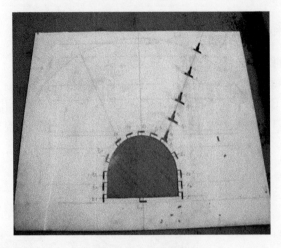

图 5-12　定位模板

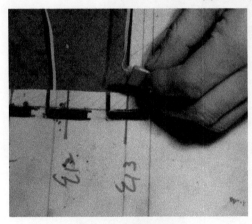

图 5-13　传感器埋设

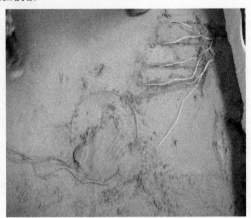

图 5-14　连接线的埋设

5.4.3.2　炸药包的制作和埋设

（1）炸药包的制作。把 TNT 炸药制成粉末状，见图 5-15。用牛皮纸制成小圆柱状，把粉末状炸药及导爆索一块装入其内，并封口，见图 5-16。

图 5-15　TNT 炸药

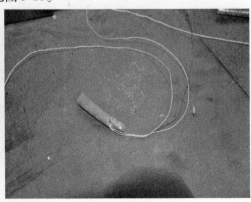

图 5-16　炸药包

（2）爆炸孔的制作。在模型体内造孔，见图5-17，孔深以药包位于模型体的中间为准。

（3）炸药包的埋设。把炸药置于孔中，并用湿黄土填塞，用铁杆轻轻把黄土夯实，见图5-18。

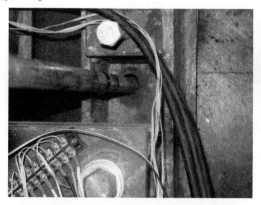
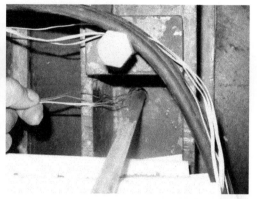

图5-17　爆炸孔的制作　　　　　　　　　　图5-18　炸药包的埋设

5.5　模型体制作及开洞试验技术

5.5.1　模型体的制作技术

5.5.1.1　试验材料的准备

相似材料中细砂：需过筛和晾晒；水泥：P.O.42.5普通硅酸盐水泥。相似材料拌和时严格按照配合比要求，尤其注意控制砂中含水量的变化，采用机械拌和。拌和料要求颗粒均匀，不出现球状或干湿不均现象。

5.5.1.2　试验设备的准备

把岩土多功能试验机置于水平状态，底部及四周传力钢板就位，其上分别放置两层四氟乙烯膜，见图5-19。为防止夯筑过程中侧边钢板偏移，在其上部及下部分别固定在试验机上，待模型体制作完毕后，去除固定装置。

5.5.1.3　模型体的制作

模型体制作采用分层夯实法，每层夯实后约3 cm厚。每层制作的工序如下：

（1）上料及摊平。按照每层所需料多少，把拌和料吊至模型试验机上，并平板初步摊平，见图5-20。

（2）夯实。利用小型振动器把每层料夯实，并保证平整，见图5-21。

图 5-19　模型体制作前的准备

图 5-20　料的摊平

图 5-21　**夯实**

（3）局部夯实。在四周钢板附近不能用振动器夯实的部位处,用锤人工夯实并保证表面平整,见图 5-22。

（4）打毛。在下一层吊装相似材料之前,用毛刷把已夯实层表面打毛,其目的为加强两层相似料的黏结程度。打毛过程中注意打毛厚度和均匀性,要求厚 3 ~ 5 mm,见图 5-23。

图 5-22　**局部夯实**

图 5-23　**打毛**

以后每层料的夯实均采用上述 4 个步骤。

夯实后模型表面平整度问题。由于模型尺寸较大,表面尺寸为 160 cm × 160 cm,仅靠肉眼估算不能保证表面的平整度。夯实后找平,刮除凸起部分,填料于凹陷部分并夯实,之后用一长 160 cm 平直钢板检验其平整度,如钢板一端上升或下降、中间和模型有空隙,继续找平,直至钢板和试样表面完全接触,见图 5-24。

图 5-24　模型表面平整度控制

5.5.1.4　水平岩层和节理岩体的模拟

1. 水平岩层的模拟

采用分层夯实模型制作工艺,其层与层之间均存在层理。模型体解剖后可明显观察到其典型的层状结构。

2. 节理岩体的模拟

为模拟由小块状组成的岩体,采用如下制作工序:

首先,根据岩层节理分布的密度和方向制作模板。把模板置于已夯实每层的表面,见图 5-25,根据模板划出节理,并用干砂填充,见图 5-26。模型体解剖后,可观察到典型的小方块体,见图 5-27,表明该制作工艺模拟小块状岩体是可行的。

图 5-25　节理的模板　　　　　　　　　图 5-26　节理制作效果

5.5.2　洞室的开挖

准备工作:模型体四周荷载达到设定要求,且自由场爆炸荷载完成后,可准备洞室的开挖。开挖前,需要解除洞口的横向钢梁和传力钢板,见图 5-28。

　　洞室开挖:洞室开挖采用机械挖除,见图 5-29。开挖分 4 步完成,每步开挖 10 cm,见图 5-30。开挖时洞室边缘采用人工开挖。

图 5-27　解剖后模型体中小方块体

图 5-28　未开挖时的洞口

图 5-29　洞室的开挖

　　洞室形状的修整:洞室挖通后,利用和洞室形状大小相同的钢板,把洞室边壁修整光滑,修正后洞室见图 5-31。

图 5-30　开挖 10 cm 后的洞室

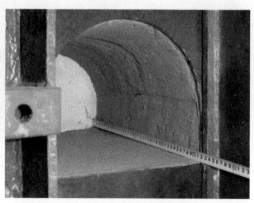

图 5-31　开挖完成后的洞室

5.6　破坏特征

5.6.1　典型破坏特征

5.6.1.1　未卸侧边约束下破坏特征

随着模型体内导爆索及 20 g TNT 的爆炸,洞室内立刻腾起一团烟雾,其下部出现很多塌落物。塌落物主要包括 3 个较大的块体、2 个较小的块体和一些较破碎的材料,见图 5-32。沿着轴向方向洞室的破坏主要分布在中间拱圈部位,沿着径向方向主要分布在左侧壁的顶部至右侧顶部,见图 5-33。

图 5-32　破坏后塌落物特征

图 5-33　洞室破坏的分布特征

卸除侧边约束后破坏特征:卸除侧面约束钢梁和传力钢板后,在模型体表面可见 2 个爆炸孔,在左侧爆炸孔可见 3 个明显的裂缝,见图 5-34。三条裂纹交汇于炮孔上部一点,分别分布于炮孔左侧、右侧和上部。左侧裂纹从炮孔上方开始,一直延伸至左侧传力钢板,长度约 60 cm,延伸纹理较平直;右侧裂纹延伸较短,长约 20 cm,小于左侧裂纹,延伸纹理较弯曲;上部裂纹延伸至顶部传力钢板,交汇处纹理明显,距离炮孔越远,纹理越模糊,见图 5-35。

图 5-34　模型体表面破坏特征

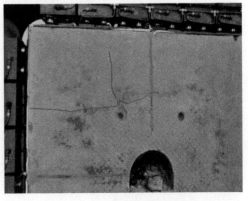

图 5-35　左侧炮孔附近裂纹

　　洞室内塌落体特征分析:洞室内塌落物中 3 个较大块体分布在洞室两端,其中洞口 2 块,洞室底部 1 块,中间为碎渣和灯架(为了增加录像的光线亮度,在爆炸试验中,在洞室内放入照明灯)。其分布原因是在爆炸后,部分围岩被抛射,冲击到灯架,大块分散到洞室两端,较破碎部分留在洞室的中间部位,同时灯泡被冲击碎裂。洞口 2 个塌落物形状不太规则,其最大长×宽分别为 15 cm×10 cm(见图 5-36)、15 cm×7 cm(见图 5-37);洞底塌落物形状也不规则,其最大长度为 17 cm,见图 5-38;三个较大块体厚度均为 3 cm 左右。塌落物总重 7.95 kg,块体及碎裂物展示见图 5-39。

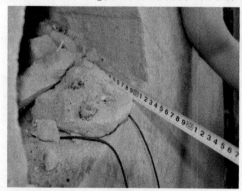

图 5-36　第一块塌落体尺寸

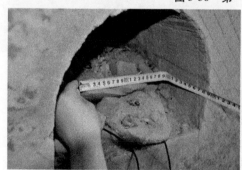
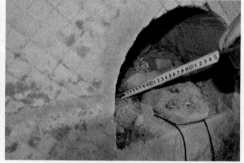

图 5-37　第二块塌落体尺寸

图 5-38　第三块塌落体尺寸　　　　　　　　图 5-39　塌落物展示

5.6.1.2　解剖后各个剖面下破坏特征

模型体解剖 10 cm 后,左侧炮孔处裂纹消失,见图 5-40。

模型体解剖至 15 cm 时,出现洞室左侧空腔,见图 5-41。空腔在洞室轴向方向刚好位于洞室的中间层,空腔宽度为 10 cm,其余两侧约 15 cm。空腔宽度从爆心到洞室逐步增大,在爆心宽度约为 14 cm,中间位置约为 15 cm,洞室边壁增加至 21 cm(见图 5-42)。空腔从爆心到右侧洞顶约 40 cm,其破坏面平直,几乎完全平行于洞顶的切线方向,见图 5-43。

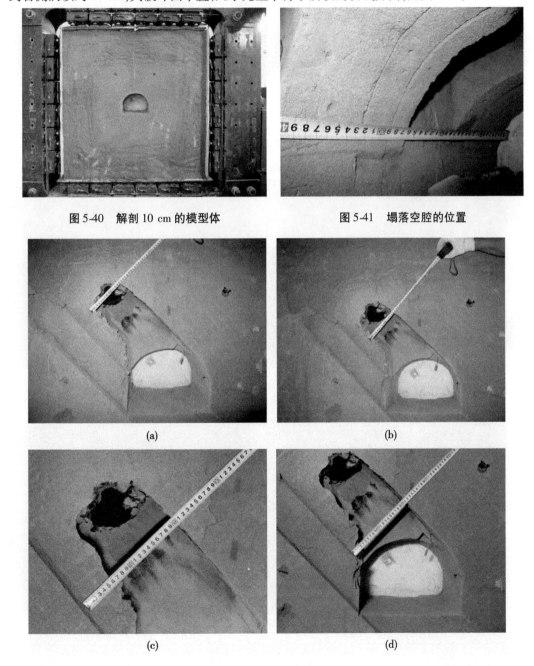

图 5-40　解剖 10 cm 的模型体　　　　图 5-41　塌落空腔的位置

(a)　　　　　　　　(b)

(c)　　　　　　　　(d)

图 5-42　塌落空腔的宽度

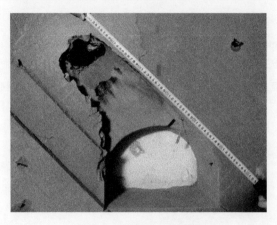

图 5-43　塌落空腔的长度

在 15 cm 厚剖面位置可以观察到两个爆心产生的破坏面,均表现为圆形(见图 5-44),左侧爆心破坏直径约为 35 cm(见图 5-45),爆炸空腔约为 7 cm(见图 5-46),爆心距洞壁最近距离约为 30 cm(见图 5-47),右侧爆心破坏直径约为 20 cm(见图 5-48)。

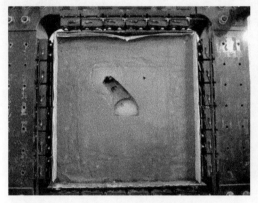

图 5-44　爆心的位置

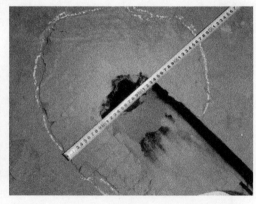

图 5-45　炸药引起的破坏特征

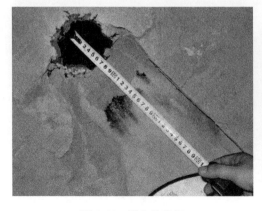

图 5-46　爆心的半径

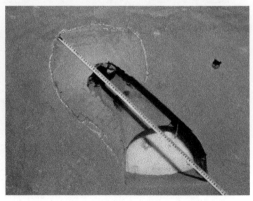

图 5-47　爆心与洞壁的距离

图 5-48 另一爆心的位置及尺寸

塌落体出现在洞室中间部位的原因分析:20 g 的炸药包制成直径 2.5 cm、长 7 cm 的圆柱体。炸药包刚好埋设在模型体中间部位,故在静载场及爆炸荷载作用下,其破坏应该发生在洞室的中间部位。

5.6.2 失败结果总结

5.6.2.1 第一次无支护洞室冲击地压模型试验结果分析

第一次巷道冲击地压模型试验采用分层夯实制作方法,模型体成层状分布。试验方法及测试方法与其余无支护模型试验均相同。

洞室破坏特征:洞壁处破坏主要特征为在距离爆心最近的洞壁产生较大变形,同时出现表层掉块现象,见图 5-49 和图 5-50。而距离爆心较远的洞壁在爆炸荷载作用下变形并不明显,没有出现掉块现象。

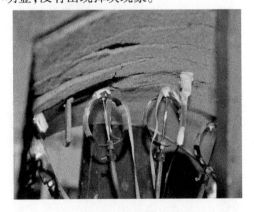

图 5-49 洞壁出现较大变形

图 5-50 洞壁掉块

模型体表面破坏主要表现形式为在炸药埋设沿线出现较长裂缝(见图 5-51),模型体内部的破坏主要表现为在炸药埋设沿线出现较大空腔(见图 5-52)。

该次爆炸试验结果表明,完整岩体一般不会发生大范围抛掷型冲击地压破坏,其破坏形式主要表现为洞壁表层掉块。

图 5-51　在炸药埋设沿线出现较长裂缝

图 5-52　模型体出现较大空腔

5.6.2.2　第二次无支护洞室冲击地压现象分析

第二次无支护洞室冲击地压模型试验采用的中间为块状结构的模型体。经过爆炸荷载作用后,洞室再现冲击地压现象,但由于动载采集触发系统出现故障,没有采集到有效数据。该试验部分成功。

第二次试验破坏后结果见图 5-53 ~ 图 5-54。在洞室的轴向方向,本次试验洞室破坏主要分布在洞室中间部位,宽度为 10 cm,破坏深度约为 7 cm。在洞室的剖面方向,破坏位置开始于左侧拱圈的底部,结束于拱圈

图 5-53　冲击塌落物

顶部偏右位置。塌落物随着最后一次爆炸应声而落,速度极快,塌落物主要为较小的块体。

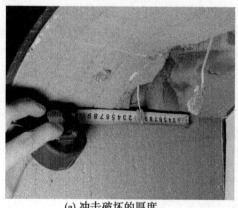

(a) 冲击破坏的厚度

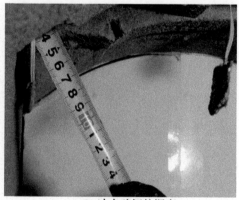

(b) 冲击破坏的深度

图 5-54　第二次试验后的冲击破坏

5.6.2.3　第三次无支护洞室冲击地压模拟结果

第三次无支护洞室冲击地压模型试验没有出现冲击现象。在施加第 2 次 15 gTNT 炸药荷载后,模型体远离洞口一侧洞壁的变形逐渐增大,最终缓慢碎裂,其破坏是典型静力

作用下受拉破坏。

第三次破坏特征见图 5-55。

破坏原因分析,由于该模型体制作完成后,养护时,模型试验机水平放置,养护时模型体四周均有两层四氟乙烯膜、传力钢板和钢梁约束,模型体内水分蒸发量较小,同时本次养护周期过长,在 70 d 左右,致使模型体上、下两部分强度不均。在 2 次爆炸荷载作用后,模型体内材料受到损伤,强度降低,原有静力场的稳定性受到破坏,进而引起强度较弱的洞壁开始出现受拉破坏,破坏从洞壁表层开始逐渐向围岩深部延伸。

第三次无支护措施洞室冲击地压试验表明,在静力和动力荷载作用下,模型体并不一定产生动力冲击破坏,其破坏特征与模型体的均匀性也密切相关。

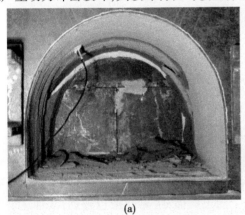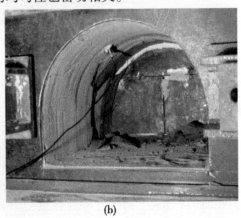

(a)　　　　　　　　　　　　　　　(b)

图 5-55　第三次破坏特征

5.7　结果分析

5.7.1　静载自由场分布特征

在静载作用力下,模型体内应变场分布特征见图 5-56 和图 5-57。结果表明,竖直方向应变明显大于水平方向,基本约为其 3 倍,对应于模型体的竖向应力 3 倍于水平方向应力。

根据竖直方向应变场分布特征分析,在荷载作用下,模型体竖直方向各测点随压力增大而增加,各测点在相同压力下应变值相差较小,表明模型体内竖直方向应力增加均匀。从 6 级荷载作用效果分析,前 4 级荷载作用下,产生应变几乎均匀增加,而在后 2 级荷载作用下,产生的应变明显大于前面各级荷载。

根据水平方向应变场分布特征分析,在荷载作用下,模型体水平方向各个测点随压力增大而增加,模型体内 3 个测点(测点 17、18 和 19)在相同压力下应变值相差较小,而与应变测点 20 的值相差较大,表明模型体内大部分区域内水平方向应力增加均匀,而在模型体边界附近,侧边钢板对模型体应力场产生较大影响。从 6 级荷载作用效果分析,第 2 级和第 3 级荷载产生应变较小,相似现象也出现在第 4 级与第 5 级荷载,而在第 1 级和第

6 级荷载作用下,水平向应变值变化较大。

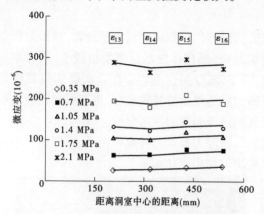

图 5-56　在初始地应力下竖直方向应变

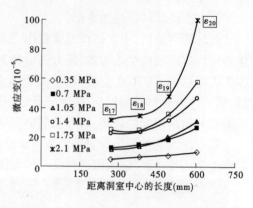

图 5-57　在初始地应力作用下水平方向应变

5.7.2　动载与静载共同作用下自由场分布特征

5.7.2.1　加速度分布特征

在动载与静载共同作用下自由场中加速度分布曲线见图 5-58。结果表明,在导爆索和 10 g TNT 炸药及静载共同作用下,模型体内首先产生向下加速度并迅速达到峰值,然后快速下降至 0,并持续下降达到向上峰值后快速反弹至 0,经 2 次衰减后,加速度大约回到 0,在同一个测点其向下加速度峰值明显大于向上的值;距离炸药包越远,其加速度的峰值下降越剧烈。加速度测点 A1、A2 分别距离爆炸点为 24.8 cm 和 36.2 cm,其爆炸后向下加速度峰值分别为 1 260 g 和 250 g,向上方向加速度峰值分别 930 g 和 430 g。

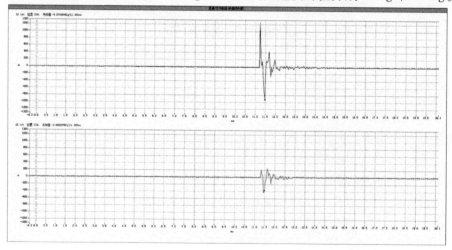

图 5-58　动载与静载共同作用下自由场中加速度分布曲线

5.7.2.2　动应力场分布特征

在动载与静载共同作用下自由场中动应力分布曲线见图 5-59。结果表明,在导爆索和 10 gTNT 炸药及静载共同作用下,模型体内动应力场主要表现为压应力,其值大于拉应力;距离炸药包越远,其动应力的峰值下降越剧烈。动应力测点 P1、P2 分别距离爆炸点为 24.8 cm 和 36.2 cm,其爆炸后动压应力峰值分别为 1.0 MPa 和 0.64 MPa,动拉应力峰值分别 0.30 MPa 和 0.16 MPa。

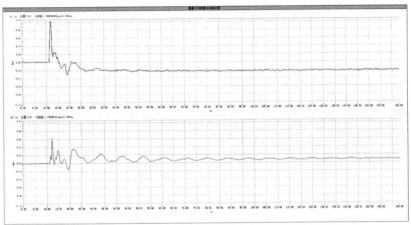

图 5-59　动载与静载共同作用下自由场中动应力分布曲线

5.7.2.3　动应变场分布特征

动载与静载共同作用下自由场中动应变分布曲线见图 5-60。

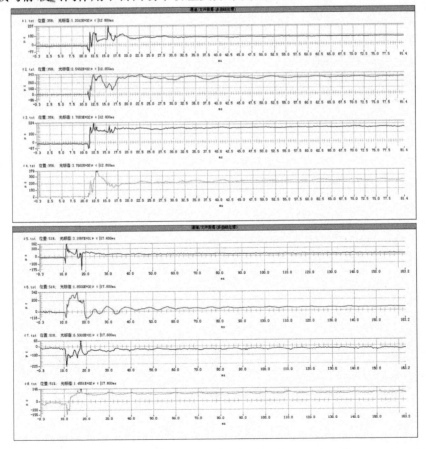

图 5-60　动载与静载共同作用下自由场中动应变分布曲线

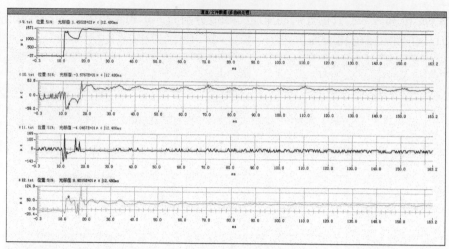

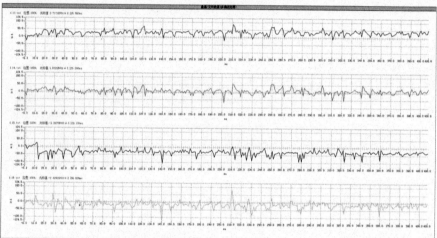

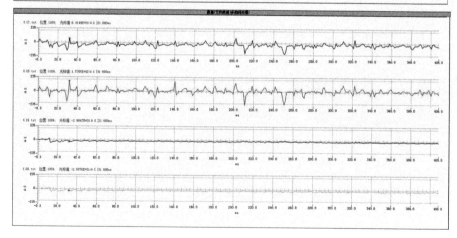

续图 5-60

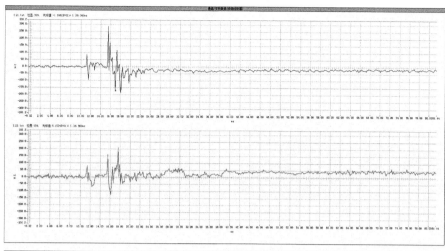

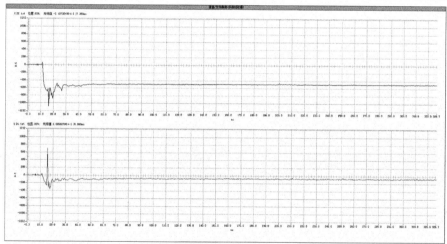

续图 5-60

结果表明,在导爆索和 10 g TNT 炸药及静载共同作用下,模型体内动应变场先出现压应变后迅速转变为拉应变。距离爆炸点越近,则产生拉应变和压应变峰值均较大。如距离爆炸点最近应变测点 4,其爆炸后动拉应变峰值分别为 379 με、压应变为 60 με,见图 5-61。

竖直方向动应变分布特征:竖直方向测点应变测试结果见图 5-62。结果表明,爆炸作用下主要产生压缩应变,压应变峰值距离爆炸中心点长度越近,其值越大,距离爆炸点越远,其压应变峰值越小,其最大值为最小值的 10 倍左右;距离爆炸中心点越近,其拉应变峰值越小,而距离爆炸点越远,其拉应变峰值反而增大,但其最大值较小。

5.7.3　10 g TNT 动载作用下洞室应力应变特征

5.7.3.1　加速度分布特征

10 g TNT 动载与静载共同作用下洞室加速度分布曲线见图 5-63。结果表明,在导爆索和 10 g TNT 炸药及静载共同作用下,模型体内首先产生向下加速度并迅速达到峰值,

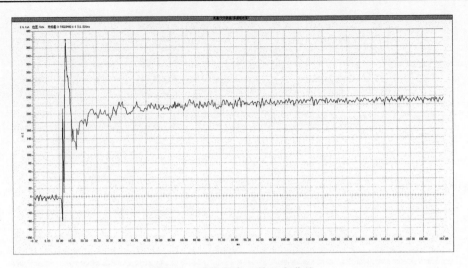

图 5-61　应变测点 4 的分布曲线

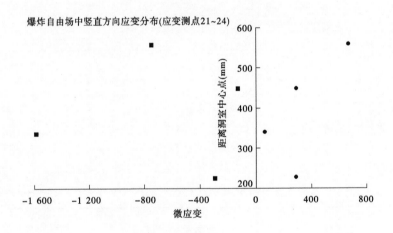

图 5-62　动载与静载共同作用下自由场中竖直方向应变分布特征

然后快速下降至 0,并持续下降达到向上加速度峰值后快速反弹至 0,经 2 次衰减后,加速度大约回到 0 值,在同一个测点其拉伸峰值明显大于压缩值;距离炸药包越远,其加速度的峰值下降越剧烈。加速度测点 A1、A3 分别距离爆炸点为 48 cm 和 24.8 cm,爆炸后向上加速度峰值分别为 1 180 g 和 320 g,向下加速度峰值分别为 750 g 和 280 g。

5.7.3.2　应变场分布特征

　　试验结果表明,在导爆索和 10 g TNT 炸药及静载共同作用下,洞室围岩内先产生压应变后迅速转变为拉应变;距离爆炸点越近,则产生拉应变和压应变峰值均较大,见图 5-64。

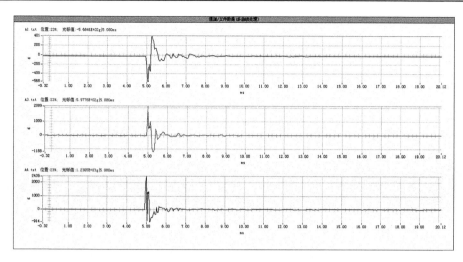

图 5-63　10 g 炸药下洞室加速度分布曲线

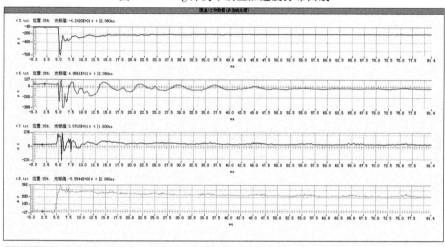

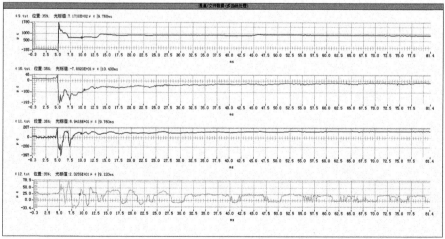

图 5-64　10 g 炸药下模型体内应变分布曲线

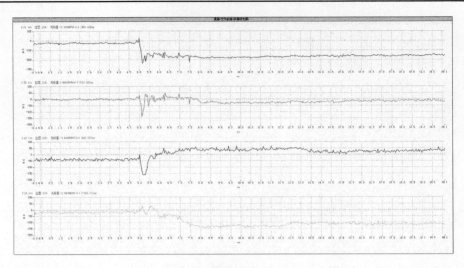

续图 5-64

竖直方向动应变分布特征:从竖直方向测点应变结果分析,在爆炸作用下主要产生压缩应变。总体而言,开洞以后,爆炸对竖直方向压应变影响不显著,其峰值变化较小,压应变峰值距离爆炸中心点长度越近其峰值越大,距离爆炸点越远其压应变峰值越小;爆炸对模型体内竖直方向拉应变影响更小,其峰值变化较小,距离爆炸中心点越近其拉应变峰值越大,而距离爆炸点越远,其拉应变峰值越小,见图 5-65。

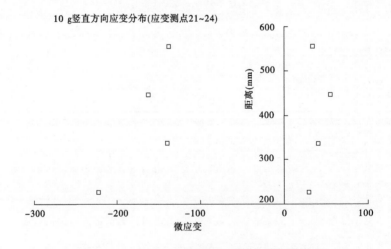

图 5-65　10 g 炸药下模型体内竖直方向应变分布

5.7.4　15 g TNT 作用下动载作用下洞室应力应变特征

5.7.4.1　加速度分布特征

在动载与静载共同作用下,模型体加速度分布曲线见图5-66。结果表明,在导爆索和15 g TNT 炸药及静载共同作用下,模型体内首先产生向下加速度并迅速达到峰值,然后快速下降至0,而后变化很小;距离炸药包越远,其加速度的峰值下降越剧烈。加速度测点 A3、A4 距离爆炸点均为 26 cm,其爆炸后向下加速度峰值分别为 3 716 g 和 4 293 g,而在模型体内另一方向 A1 加速度峰值为 900 g,且方向与 A3、A4 的相反。

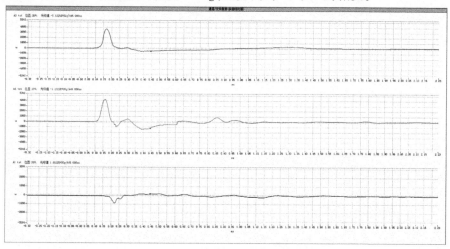

图 5-66　15 g 炸药下洞壁加速度分布曲线

5.7.4.2　应变场分布特征

试验结果表明,在导爆索和15 g TNT 炸药及静载共同作用下,洞室围岩内动应变场主要产生拉应变,距离爆炸点越近,则产生拉应变越大,此时距离爆炸点最近应变测点 9 出现受拉破坏,其爆炸后拉应变峰值为 3 391 $\mu\varepsilon$、压应变为 2 $\mu\varepsilon$,见图5-67。

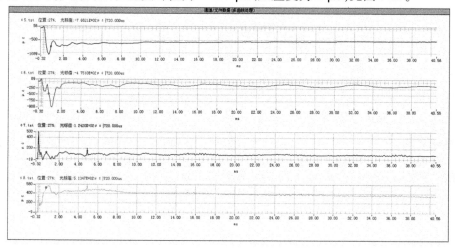

图 5-67　15 g 炸药下模型体内动应变分布曲线

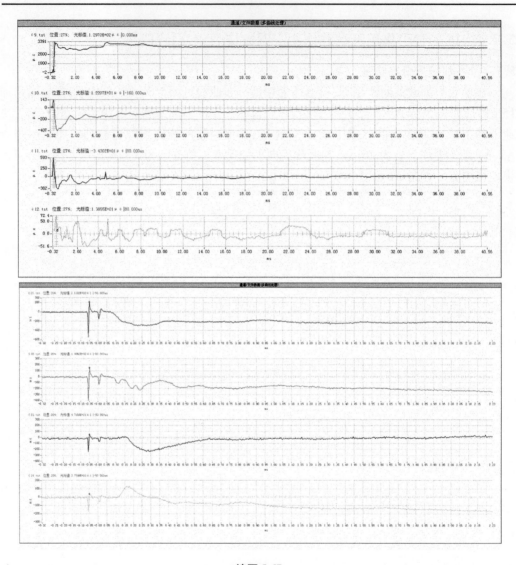

续图 5-67

竖直方向动应变分布特征:竖直方向应变分布结果见图5-68。结果表明,在爆炸荷载作用下模型内主要产生压缩应变。总体而言,开洞以后,爆炸荷载对竖直方向压应变影响不显著,其峰值变化较小,压应变峰值距离爆炸中心点越近其值越大,距离爆炸点越远其压应变峰值越小;爆炸荷载对模型体内竖直方向拉应变影响更小,其峰值变化更小,距离爆炸中心点越近其拉应变峰值越大,而距离爆炸点越远,其拉应变峰值越小。

15 g竖直方向应变分布(应变测点21~24)

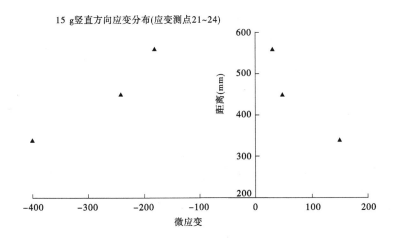

图 5-68　15 g 炸药下竖直方向应变分布特征

5.7.5　20 g TNT 动载作用下洞室应力应变特征

5.7.5.1　加速度分布特征

在动载与静载共同作用下模型体内加速度分布曲线见图5-69。结果表明,在导爆索和 20 g TNT 炸药及静载共同作用下,模型体内首先产生拉伸加速度并迅速达到峰值,然后快速下降至 0,并持续下降达到拉伸峰值后快速反弹至 0,经 1 次衰减后,加速度大约回到 0 值,其压缩加速度峰值几乎为 0;距离爆心越远,其加速度的峰值下降越剧烈。加速度测点 A3、A4 均距离爆炸点为 26 cm,其向下加速度峰值分别为 3 716 g 和 4 293 g,实际爆炸后,两个加速度传感器均震落,而在模型体内另一方向 A1 加速度峰值为 1 070 g,且方向与 A3、A4 的相反。

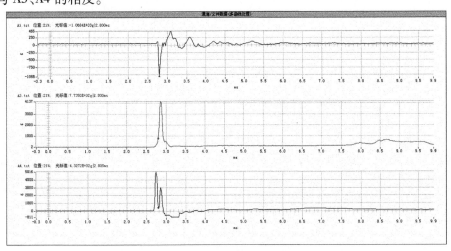

图 5-69　20 g 炸药下洞壁加速度分布曲线

5.7.5.2 应变场分布特征

在导爆索和20 g TNT炸药及静载共同作用下,应变分布曲线见图5-70。结果表明,洞室围岩内动应变场主要表现为拉应变,距离爆心越近产生拉应变越大,此时在爆心附近洞壁的应变片均出现受拉破坏,如应变测点6、7、8、9、10 等。

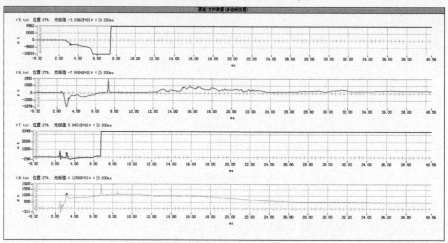

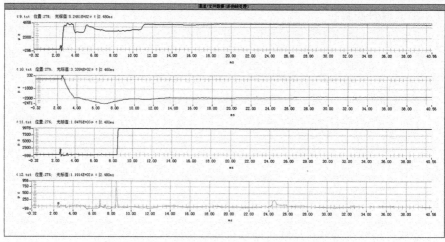

图5-70　20 g 炸药下模型体内动应变分布曲线

竖直方向动应变分布特征:在20 g 爆炸荷载下模型体内竖直方向测点应变结果见图5-71。结果表明,在爆炸荷载作用下模型内主要产生压缩应变,总体而言,开洞以后,爆炸荷载对竖直方向压应变影响不显著,其峰值变化较小,压应变峰值距离爆心越近其值越大,距离爆心越远其值越小;爆炸荷载对模型体内竖直方向拉应变影响更小,其峰值变化更小,距离爆炸中心点越近其拉应变峰值越大,而距离爆心越远,其值越小。

5.7.6　不同炸药量下洞室应力应变特征对比

5.7.6.1　加速度变化特征

不同装药量对洞壁加速度影响不同。爆点附近洞壁的加速度方向主要向下,且其值远远大于向上加速度的值。随着炸药量从 10 g、15 g 到 20 g 递增,洞壁附近加速度值以

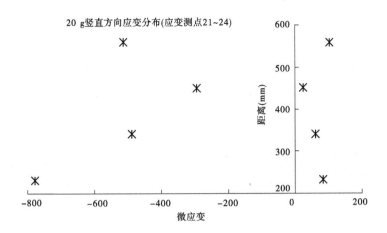

图 5-71　20 g 爆炸荷载下竖直方向应变分布特征

2 261 g、4 239 g 和 4 950 g 快速增大。远离爆点洞壁加速度方向主要表现向下,也存在方向向上加速度,但向上的值一般大于向下的。随着炸药量从 10 g、15 g 到 20 g 递增,洞壁附近加速度值以 −440 g、−900 g 和 −1 070 g 快速增大,见图 5-72。

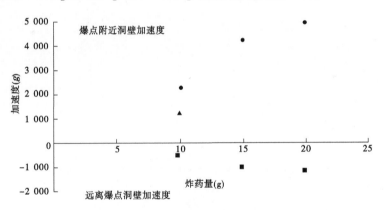

图 5-72　不同炸药量下加速度对比

5.7.6.2　应变变化特征

爆点附近洞壁应变场分布特征:不同炸药量下爆心附近洞壁应变对比见图 5-73。结果表明,不同装药量对洞壁应变影响不同。爆点附近洞壁的应变场可以分为两大类:一类表现为典型拉应变,另一类为压应变。在爆点附近洞壁的两个测点(应变片 8、9)应变主要表现为受拉,其拉应变峰值随炸药量的增加而迅速增大。随着炸药量从 10 g、15 g 到 20 g 递增,应变测点 8、9 值分别以 360.4、550、1 120 和 1 200、3 400、4 326.6 快速增加,见图 5-74 和图 5-75。距离爆点稍远的洞壁应变主要表现为压应变,其峰值应变随炸药量的增加也迅速增大。随着炸药量从 10 g、15 g 到 20 g 递增,应变测点 6、10 值分别以 −384、−980、−1 800.6 和 −161、−396、−2 446.3 快速增加,见图 5-76 和图 5-77。

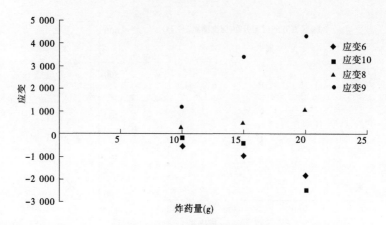

图 5-73　不同炸药量下应变对比

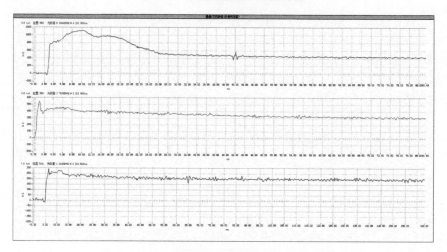

图 5-74　不同炸药量下洞壁应变测点 8 的对比

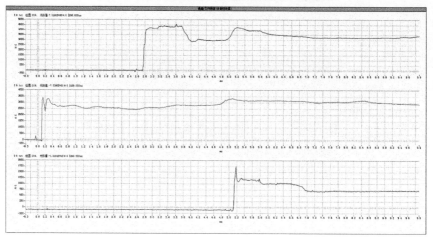

图 5-75　不同炸药量下洞壁应变测点 9 的对比

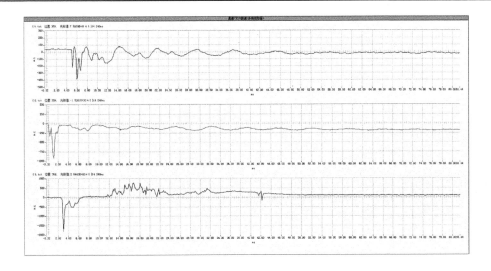

图 5-76　不同炸药量下洞壁应变测点 6 的对比

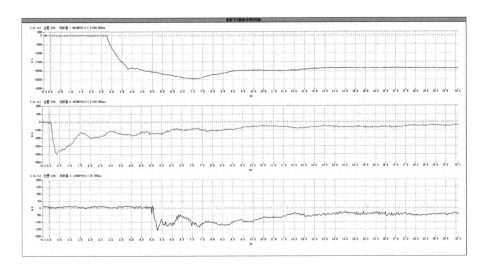

图 5-77　不同炸药量下洞壁应变测点 10 的对比

远离爆点洞壁应变场分布特征:不同炸药量下远离爆心洞壁应变测点的对比见图 5-78。结果表明不同装药量对远离爆心洞壁应变影响不同。一般而言,远离爆心洞壁的应变场主要表现为压应变,随着爆炸荷载增加,压应变峰值快速增大。竖直方向应变测点 21、22、23、和 24 点,在爆炸荷载作用下,均产生压应变和拉应变,但压应变峰值明显大于拉应变,且随着距离的增加,压拉应变峰值均减少。随着炸药量的增加,压应变、拉应变峰值均增加,但压应变增加幅度要大于拉应变。

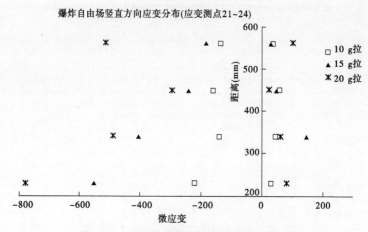

图 5-78　不同炸药量下洞壁应变测点的对比

第6章　深埋硬岩冲击地压洞室加固措施模型试验

6.1　深埋硬岩冲击地压洞室加固措施

冲击地压巷道安全支护是目前岩石工程中一个急需解决的重要难题,相关的理论和实用技术研究已经取得一定的成果。由冲击地压引发的巷道破坏已经成为深部岩石工程的一个重要问题,喷锚(索)支护及液压支架是目前我国煤矿巷道最常见的应对冲击地压灾害的支护措施。但工程实践表明,现有支护措施在经受较大冲击地压作用时,仍时有灾害性破坏发生。吴拥政等利用数值模拟方法研究了冲击荷载作用下锚固围岩损伤破坏机制;潘一山教授团队通过室内模型试验,表明常规设计的锚杆支护方法适用于较弱冲击地压巷道防护;然而,顾金才院士研究团队研究结果表明,在爆炸冲击荷载下短密锚杆支护效果要优于长密锚杆,也优于间排距较大的锚杆。这说明锚杆应对冲击荷载不仅与其长度密切相关,而且更与间排距密切相关,因此利用短密锚杆支护冲击地压巷道效果仍需进一步研究。

同时已有冲击地压产生机制研究与实际巷道发生冲击破坏的受力特征仍有一些不相符的地方。窦林名等提出了冲击地压防治的强度弱化减冲理论;潘一山等建立了冲击地压巷道吸能耦合支护模型(围岩－吸能材料－钢支架);刘军、齐新庆等提出了一种刚柔一体化吸能支护方法;高明仕等建立了冲击地压巷道围岩控制的强弱强模型;刘金海、姜福兴等研究了强排粉防治冲击地压的机制,建立了分区治理思路;欧阳振华等研究了超前深孔顶板爆破防治冲击地压灾害的原理及应用;顾金才等研究发现加密锚杆间距能有效提高洞室的抗爆能力;康红普等开发了高强、让压锚杆(索)可以有效提高洞室抗冲击的能力;何满潮等研发了一种抗冲击高恒阻大变形的负泊松比效应锚索;潘一山等研制了新型抗冲击液压支架。然而,冲击地压致灾机制非常复杂,目前仍未完全探明,这样就致使现有冲击地压巷道支护技术仍不能安全高效地阻止冲击灾害的发生。

为此,本试验在考虑现有支护措施下,基于短密锚杆支护和拱架支护优点,在室内利用地质力学模型试验手段研究短密锚杆支护、内插锚杆式拱架及金属网联合支护措施等两种支护措施应对较大冲击荷载的可行性。

6.2 相似设计

6.2.1 锚杆的相似设计

6.2.1.1 模拟锚杆设计

原型锚杆材料为高强钢筋 HRB335,其抗拉强度为 $f_y = 335$ MPa,直径 $d = 25$ mm,锚杆孔直径 $D = 100$ mm,纵横间距为 300 mm,锚杆长度为 2.0 m,注浆的水泥砂浆强度等级为 M20。

基于试验精度和工作量的要求,初步确定本次试验几何比尺 $K_L = 1/20$,应力比尺 $K_\sigma = 1/10$。

根据以往模型试验经验,选取纯铝丝作为钢筋锚杆的模拟材料,主要基于其具有以下特点:

(1)属于金属类材料,其弹性模量 $E_m = 55$ MPa,抗拉强度 $f_m = 99$ MPa。

(2)与石膏类注浆体黏结良好。

根据几何相似要求确定的模拟锚杆设计参数:模拟锚杆的物理参数长度 $L_m = 100$ mm,间距为 30 mm,孔径为 5 mm。

根据原型试验与模型试验锚杆抗拉力相似的原则,确定模拟锚杆的纵横距,原型锚杆纵横间距为 30 cm,用一根铝丝模拟四根锚杆,见图 6-1。

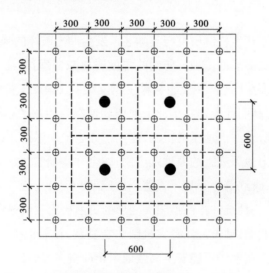

图 6-1　原型锚杆布置及选取模拟范围　(单位:mm)

四根锚杆的抗拉力: $F_p = f_y \times A = 335 \times 4 \times 3.14 \times (\frac{25}{2})^2 = 657\ 437.5 (N)$

力相似系数: $K_F = K_\sigma \times K_L^2 = 0.1 \times (\frac{1}{20})^2 = 0.000\ 25$

模拟锚杆铝丝的抗拉强度 $f_m = 99$ MPa,设其截面面积为 A_m,则其提供的抗拉力 $F_m =$

$f_m \times A_m$。

因为 $F_m / F_p = 0.000\ 25$，因此，$F_m = f_m \times A_m = 0.000\ 25 \times 657\ 437.5 = 164.36(\text{N})$

所以：$A_m = 1.66\ \text{mm}^2$，故模拟锚杆的直径为 1.5 mm。根据市场上现有铝丝规格，选取直径为 1.7 mm 的纯铝丝作为模拟锚杆。

6.2.1.2 模拟锚杆的布置

模拟锚杆侧墙纵横间距为 30 mm，拱部锚杆横间距为 29.44 mm，纵间距为 30 mm，其横截面锚杆布置见图 6-2。

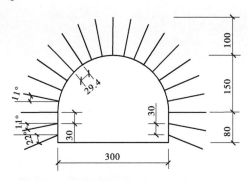

图 6-2 横截面锚杆布置 （单位：mm）

模型体横截面共 21 根模拟锚杆，纵截面间距为 30 mm，共 12 排，模拟锚杆共 252 根，见图 6-3。

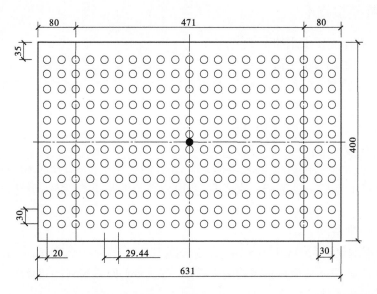

图 6-3 模拟锚杆纵截面布置（展示图）

6.2.2 拱架的相似设计

拱架的制作：根据实际工程采用 U 型钢制作的支架，本次试验采用铝板模拟之。拱架采用铝皮制作，宽度 13 mm，侧棱宽度 5 mm，其上布置锚杆孔，孔间距 3 cm，孔直径

7 mm。拱架形状和洞室断面相同,侧壁高 10 cm,上部拱形的半径 13 cm,特别制作底部垫片,见图6-4。

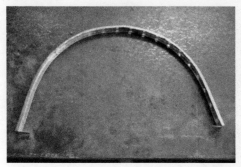

图6-4   拱架结构示意图

6.3   支护技术施工模拟

由于模型试验中洞室尺寸较小,一般最大直径不超过 40 cm,同时模拟的锚杆孔孔径很小,一般不大于 0.5 cm,这样在洞室内锚杆孔的定位、钻进和注浆均有一定的难度。为解决上述困难,专门制作定位孔模板并采用严格的制作工序,这样才能保证模拟的锚杆满足实际锚杆加固效果。

6.3.1   锚杆模拟技术

锚杆模拟技术主要采用如下工序:

(1)锚杆孔位模板的制作。

根据模型试验洞室的形状和大小,利用塑料膜模拟洞室展开后的长度和宽度。再制作同样大小的薄铁皮,根据锚杆设计行距和排距,按锚杆孔位在铁皮上钻孔。把带有锚杆孔位的铁皮置入已开挖完成的洞室中,见图 6-5(a)。

(2)锚杆孔的施工。

采用气动性手持钻机造孔,见图6-5(b)。钻孔的孔径 0.5 cm,孔深 10 cm。由于洞室空间有限,钻机本身 17 cm,不能一次成孔,所以成孔分两步进行,第一步钻进 7 cm,第二步钻至 10 cm。

(3)锚杆的准备。

锚杆采用铝丝模拟,总长度 13 cm,有效长度 10 cm,其中一端造丝,并用垫板和螺母固定,铝丝直径 0.17 cm,垫板长宽均为 1.5 cm、厚 1 cm,见图6-5(c)、(d)。

(4)注浆并安装锚杆。

利用注射器和塑料导管,向每个锚杆孔注石膏浆。石膏浆的配比为石膏:水 = 10:6。注浆完成后,安装锚杆,见图6-6。锚杆孔的浆液凝固后,把锚杆前端的螺母拧紧,并把锚杆前端多余杆体切除。如有预应力要求,可施加设计的预应力。为检查石膏浆凝固时间,同时在一组小试件中(ϕ50 mm $\times$ 100 mm)造孔,并注浆,安装锚杆,24 h 后观察浆体的凝固程度。锚杆和模型体的黏结效果见图6-7。

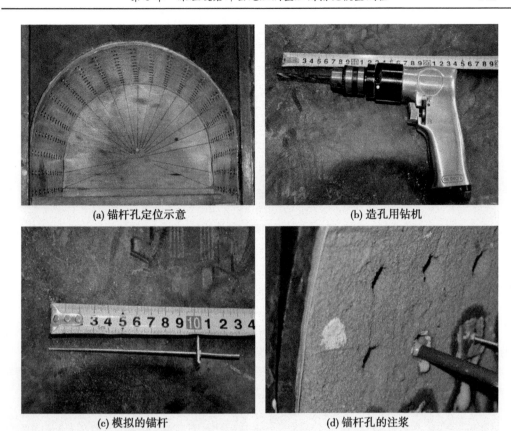

(a) 锚杆孔定位示意　　　　　　　　(b) 造孔用钻机

(c) 模拟的锚杆　　　　　　　　(d) 锚杆孔的注浆

图 6-5　锚杆孔的制作

(a) 锚杆的安装　　　　　　　　(b) 安装锚杆后的洞室

图 6-6　锚杆的安装

6.3.2　拱架与锚网联合支护技术模拟

主要工序如下：

(1) 锚杆的模拟施工,详见 6.4.1 节。

(2) 金属网的制作与安装。

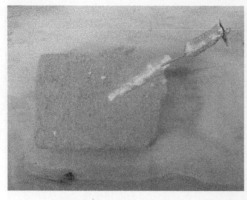

图 6-7　锚杆和模型块体的黏结

钻孔完成后,把制作好的金属网安装到模型体的洞室中,见图 6-8。

(3)拱架的安装。

金属网安装完成后,把拱架置入到设计的位置。

(4)锚杆安装与拱架的固定。

锚杆孔注浆完成后,把模拟的锚杆插入孔中。待浆液凝固后,安装锚杆前端的弹簧、垫板和螺母,并把螺丝拧紧。锚杆安装的过程中,同时用石膏浆固定拱架,见图 6-9。

图 6-8　金属网的安装　　　　**图 6-9　拱架、让压锚杆和金属网加固模拟**

　　锚杆安装完成后,开展三次爆炸试验,爆炸位置及装药量和无支护洞室冲击地压模型完全相同。在 10 g 及 15 g TNT 炸药作用下,洞室没有出现破坏;在 20 gTNT 炸药作用下,加固措施及洞室均没有破坏,洞室也没有出现裂缝。这就证明了该加固方案可以应对爆炸荷载下洞室的抛掷型冲击地压问题。

6.4　破坏特征分析

　　在短密锚杆支护下,洞室经过爆炸荷载和静载共同作用发生破坏,而在相同荷载作用下,经过内插锚杆式拱架及金属网联合支护的洞室没有发生破坏。

6.4.1　短密锚杆支护下的破坏特征

6.4.1.1　未卸除侧边约束的破坏特征

在 10 g 和 15 g TNT 爆炸荷载作用下,洞室顶部均有少量沙粒振落。在 20 gTNT 爆炸荷载作用下,洞室内立刻腾起一团灰色烟雾,其下部出现较多散体塌落物,与无支护冲击地压模型试验中的塌落物相比,本次塌落物几乎没有出现较大块体,塌落物为破碎的散落体,仅仅有两个较小块体,其尺寸远小于无支护洞室的塌落体。洞室破坏位置主要分布:沿着洞室轴向方向,主要位于中间拱圈部位;沿着径向方向,主要位于洞室左侧的拱脚至右侧拱顶上部,见图 6-10。从洞室侧壁破坏位置看,两次破坏的位置几乎完全相同,但塌落物的质量差别较大,本次塌落材料重 10.2 kg,远远大于不支护模型试验下的塌落物7.95 kg。

6.4.1.2　卸除侧边约束后的破坏特征

卸除侧面约束钢梁和传力钢板后,在模型体表面可见 2 个爆炸孔,在左侧爆炸孔附近可见 2 个明显的裂缝,见图 6-11。两条裂纹交汇于炮孔上部一点,分别位于炮孔左侧和上部。左侧裂纹从炮孔上方开始,一直延伸至左侧传力钢板,长度约 60 cm,延伸纹理较平直;上部裂纹延伸至顶部传力钢板。在模型体表面右侧可见 1 条裂缝,裂纹从节理块体边界开始一直延伸至右侧传力钢板。

　　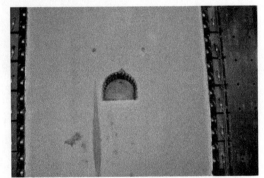

图 6-10　破坏后塌落物特征　　　　　图 6-11　破坏后模型体表面特征

6.4.1.3　模型体解剖后各剖面的破坏特征

模型体解剖 5 cm,表面的 3 条裂纹消失。

模型体解剖至 12.5 cm 时,洞室左侧出现空腔。在洞室轴向方向,空腔刚好位于洞室的中间层,空腔厚度为 15 cm,见图 6-12(a)。空腔形状,在剖面上表现为由半圆形到矩形过渡,宽度从爆心到洞室侧壁逐步增大,较宽部位约为 16 cm,见图 6-12(b)。空腔从爆心到洞壁约 28 cm,其破坏面平直,几乎完全平行于洞顶的切线方向,见图 6-12(c)。在该剖面下可以观察到左侧爆心产生破坏面,近似为圆形。

模型体解剖至 17.5 cm 时,与 12.5 cm 剖面相比,左侧空腔宽度整体变大;从爆心到洞室侧空腔的宽度整体变大,最大宽度约为 20 cm,见图 6-13;该剖面下空腔剩余厚度为10 cm,见图 6-14;空腔从爆心到洞壁约 30 cm,其破坏面平直,几乎完全平行于洞顶的切线方向,见图 6-15。

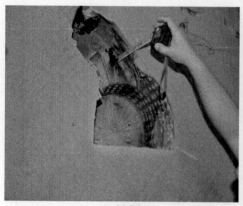 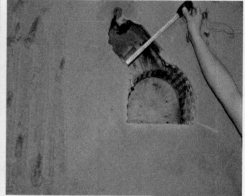

(a) 空腔厚度　　　　　　　　　　　　　　　　　　(b) 空腔宽度

(c) 空腔长度

图 6-12　解剖至 12.5 cm 时空腔特征

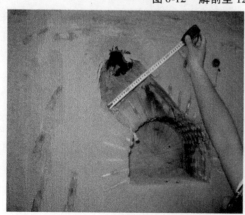 

图 6-13　空腔最大宽度特征

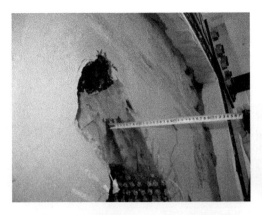 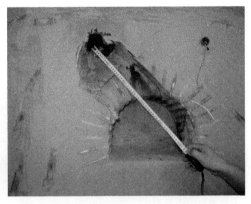

图 6-14　模型体解剖 15 cm 后空腔厚度　　图 6-15　模型体解剖 15 cm 后空腔长度

6.4.2　联合支护下的破坏特征

6.4.2.1　未卸除侧边约束下模型体特征分析

在 10 g、15 g 和 20 gTNT 爆炸荷载作用下,洞室顶部均有少量沙粒震落,洞室及支护体没有破坏,证明利用拱架与锚网联合支护技术完全可以抵抗 20 gTNT 及静载共同作用。模型体开洞后,经过 3 次爆炸荷载作用后的洞室特征见图 6-16,洞室底部有少量沙粒及碎屑物掉落,一个洞壁上的加速度传感器被震落。

图 6-16　开洞后经 3 次爆炸荷载后洞室的表面特征

6.4.2.2　卸除侧边约束后模型体的特征

卸除侧面约束钢梁和传力钢板后,模型体整体良好,仅在洞室顶拱处有一小块体掉落 (2 cm×2 cm×3 cm),在模型体表面可见 2 个爆炸孔,洞室左上方 30 cm 处有一裂纹;在洞室右侧炮孔处也可见 3 条裂纹,见图 6-17。

6.4.2.3　解剖后各个剖面下模型体特征

模型体解剖 5 cm,模型体表面的裂纹全部消失,见图 6-18。表明模型体表面的裂纹

图 6-17　模型体表面及局部放大特征

向模型体内发育深度较浅,仅仅是由于边界效应形成的,对模型体内应力应变场影响有限。

图 6-18　解剖 5 cm 后模型体表面特征

　　模型体解剖至 15 cm 时,洞室左侧出现由于爆炸荷载所产生的圆形破坏面。该破坏圆直径约 35 cm,爆心直径约 10 cm,爆心距离洞壁最近距离约为 25 cm,见图 6-19 和图 6-20。

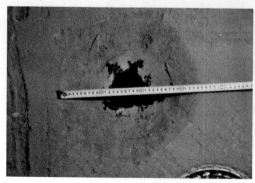

图 6-19　解剖至 15 cm 模型体爆心特征　　　　图 6-20　爆心距离洞壁的长度

6.5　结果分析

6.5.1　短密锚杆支护下的结果分析

静载自由场应力应变分布特征和无支护洞室模型试验分布特征基本一致,这里不再详述。

6.5.1.1　动载与静载共同作用下自由场分布特征

1.加速度分布特征

在动载与静载共同作用下模型体自由场加速度分布曲线见图6-21。结果表明,在导爆索和10 g TNT 炸药及静载共同作用下,模型体内向下和向上加速度峰值基本相等;距离爆心越远,加速度的峰值下降越迅速。加速度测点 A1、A2 分别距离爆心为24.8 cm 和36.2 cm,其爆炸后向下加速度峰值分别为330 g 和260 g,向上加速度峰值分别370 g 和140 g。

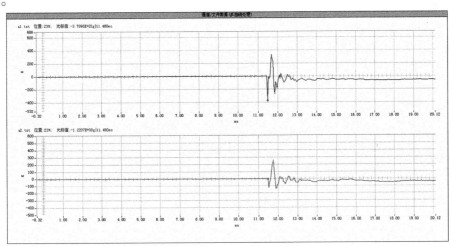

图6-21　动载与静载共同作用下模型体自由场加速度分布曲线

2.动应力场分布特征

在动载与静载共同作用下动应力分布曲线见图6-22。结果表明,在导爆索和10 g TNT 炸药及静载共同作用下,模型体内动应力场主要表现为压应力,其值大于拉应力;距离爆心越远,其动应力峰值下降越剧烈。动应力测点 P1、P2 分别距离爆心24.8 cm 和36.2 cm,其爆炸后向动压应力峰值分别为1.57 MPa 和0.72 MPa,动拉应力峰值分别0 和0.23 MPa。

3.动应变场分布特征

在动载与静载共同作用下动应变分布曲线见图6-23。结果表明,在导爆索和10 g TNT炸药及静载共同作用下,模型体内动应变先产生压应变后迅速转变为拉应变;距离爆心越近,则拉应变和压应变峰值均较大。如距离爆心最近应变测点4,其爆炸后动拉应变峰值为390 $\mu\varepsilon$,无压应变。结果也表明,远离爆心的测点主要表现为压应变,距离爆心越远,压应变峰值越小。

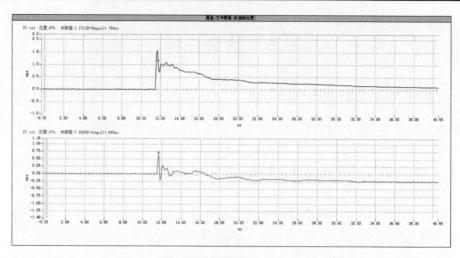

图 6-22　动载与静载共同作用下动压力分布曲线

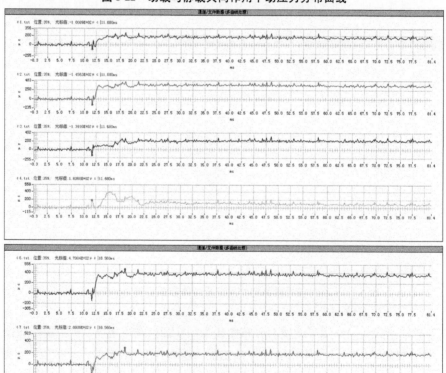

图 6-23　动载与静载共同作用下动应变分布曲线

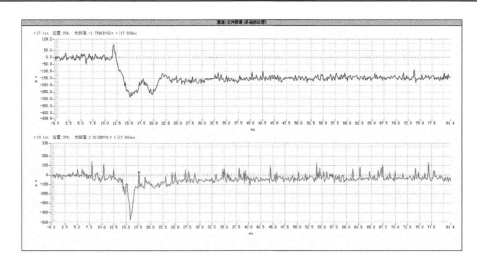

续图 6-23

6.5.1.2　10 g TNT 荷载作用下洞室应力应变特征

1. 加速度分布特征

在 10 g TNT 与静载共同作用下洞室加速度分布曲线见图 6-24。结果表明,在导爆索和 10 g TNT 炸药及静载共同作用下,模型体内首先产生向下加速度并迅速达到峰值,然后快速下降至 0,经过两次震荡循环后,加速度趋于 0;距离炸药包越远,其加速度的峰值下降越剧烈。加速度测点 A1、A3 分别距离爆心为 24.8 cm 和 48 cm,其爆炸后向上加速度峰值分别为 1 530 g 和 230 g,向下加速度峰值分别 750 g 和 200 g。

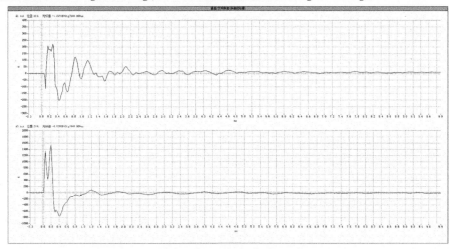

图 6-24　10 g TNT 静荷载下加速度分布曲线

2. 应变场分布特征

在 10 g TNT 爆炸荷载作用下动应变分布曲线见图 6-25。结果表明,在导爆索和 10 g TNT 及静载共同作用下,洞室围岩内动应变可分为二类,第一类爆炸后应变迅速压缩,达到压缩峰值后其值减小,但仍变现为压应变;第二类爆炸后应变迅速压缩,达到压缩峰值后变为拉应变,迅速达到峰值后,回落至 0,经过几次循环后变现受压或归于 0。距离爆心越近,则产生的拉应变和压应变峰值均较大。如距离爆心最近应变测点4,其爆炸后动拉应变峰值为 379 με、压应变峰值为 60 με。

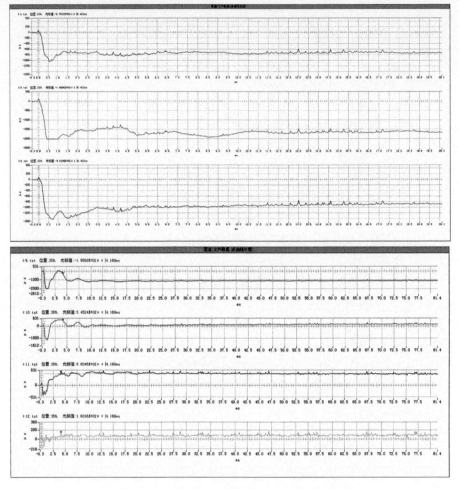

图 6-25　在 10 g TNT 荷载作用下动应变分布曲线

6.5.1.3　在 15 g TNT 作用下洞室应力应变特征

1. 加速度分布特征

在 15 g TNT 与静载共同作用下模型体内加速度分布曲线见图 6-26。结果表明,在导爆索和 15 g TNT 及静载共同作用下,模型体内首先产生向下加速度并迅速达到峰值,然后快速下降至 0,而后变化很小;距离爆心越远,其加速度的峰值下降越剧烈。如加速度测点 A3 距离爆心为 26 cm,爆炸后向下加速度峰值为 3 050 g,向上加速度峰值为 270 g;而在模型体内另一测点 A1 向下加速度的峰值为 224 g,向上加速度的峰值为 550 g。

2. 应变场分布特征

在 15 g TNT 爆炸荷载下模型体内动应变分布曲线见图 6-27。结果表明,在导爆索和 15 g TNT 炸药及静载共同作用下,洞室围岩内动应变场主要表现压应变,距离爆心越近,则产生压应变峰值越大。但爆心附近洞壁主要表现为拉应变,如爆心附近应变测点 8 出

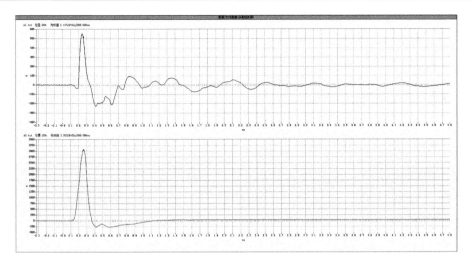

图 6-26　15 g TNT 与静载共同作用下模型体内加速度分布曲线

现较大拉应变,其爆炸后向动拉应变峰值约为 800、压应变约为 380。

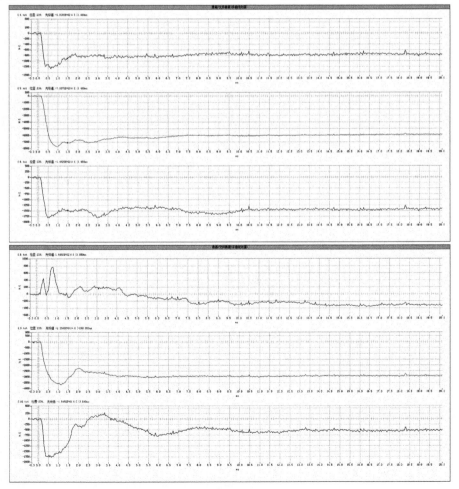

图 6-27　15 g TNT 爆炸荷载下模型体内动应变分布曲线

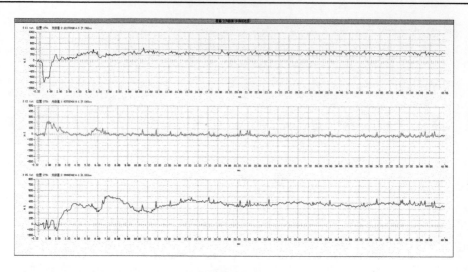

续图 6-27

6.5.1.4 在 20 g TNT 作用下洞室应力应变特征

1. 加速度分布特征

在 20 g TNT 与静载共同作用下模型体内加速度分布曲线见图 6-28。结果表明,在导爆索和 20 g TNT 炸药及静载共同作用下,在爆心附近洞壁主要表现为向下的加速度,而在其他部位表现为向上的加速度,且向下加速度值远大于向上的值;距离爆心越远,其加速度的峰值下降越剧烈。加速度测点 A4 距离爆心为 26 cm,其爆炸后可测到向下加速度峰值为 4 830 g,实际爆炸后,加速度传感器震落;而在模型体内另一位置测点 A1 向下加速度峰值为 455 g,向上的值为 230 g。

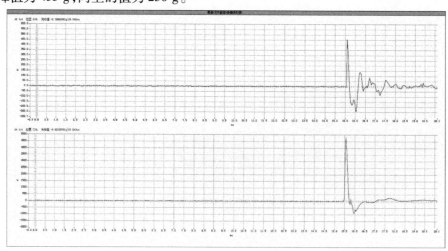

图 6-28 20 g TNT 与静载共同作用下模型体内加速度分布曲线

2. 应变场分布特征

在 20 g TNT 荷载作用下模型体内动应变分布曲线见图 6-29。结果表明,在导爆索和 20 g TNT炸药及静载共同作用下,洞室围岩内动应变场主要表现拉应变,距离爆心越近,则产生拉应变越大,此时距离爆心最近应变测点均出现受拉破坏,如应变测点 6、7、8、9、10 等。

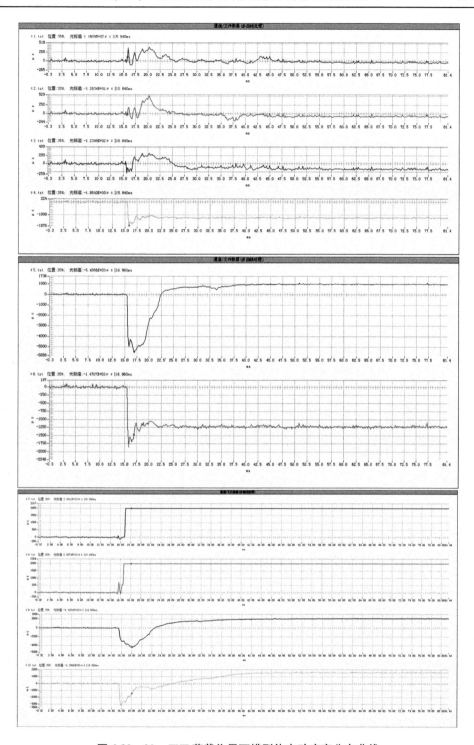

图6-29 20 g TNT 荷载作用下模型体内动应变分布曲线

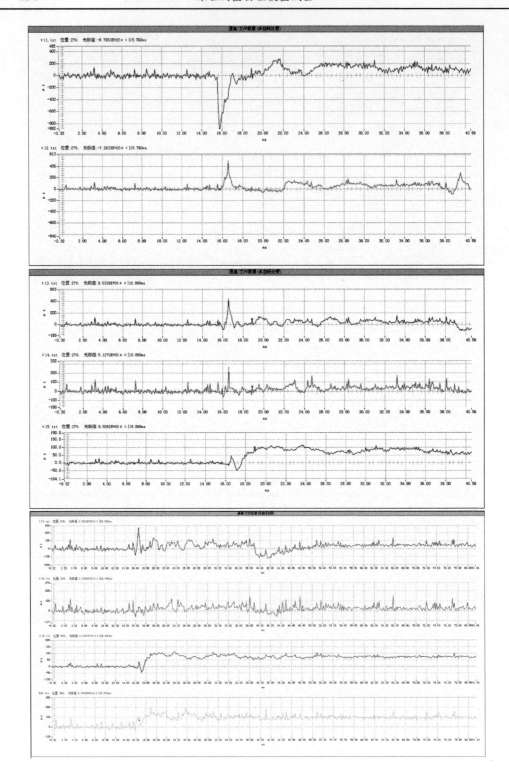

续图 6-29

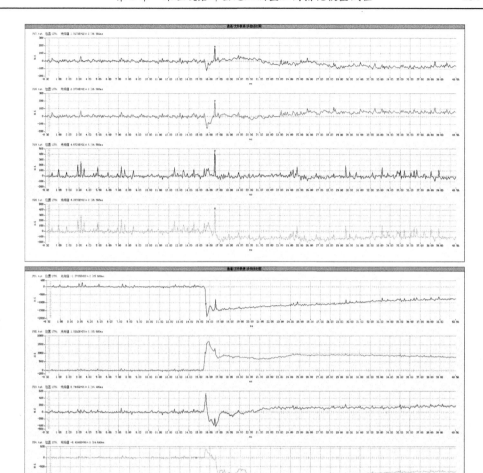

续图 6-29

竖直方向动应变分布特征:竖直方向动应变分布见图 6-30。结果表明,爆炸作用下模型体内主要产生压应变。总体而言,开洞以后,爆炸对竖直方向压应变影响不显著,其峰值变化较小,距离爆心越近,压应变峰值有所增大,距离爆心越远其值越小;开洞以后,爆炸荷载对模型体内竖直方向拉应变影响更小,其峰值变化更小,距离爆心越近其拉应变峰值有所增大,而距离爆心越远,其拉应变峰值越小。

6.5.1.5　不同炸药量下洞室应力应变特征对比

1.加速度变化特征

不同装药量对洞壁加速度影响结果见图 6-31。结果表明,不同装药量对洞壁加速度影响不同。爆点附近洞壁主要产生向下的加速度,且其值远大于向上的值,随着炸药量从 10 g、15 g 到 20 g 递增,洞壁附近加速度值以 1 530 g、3 050 g 和 4 830 g 快速增加。远离爆心洞壁加速度方向既表现为向下,也表现为向上,但向上的值一般大于向下的值,随着炸药量从 10 g、15 g 到 20 g 递增,洞壁附近向下加速度值以 230 g、550 g 和 455 g 有所增加。

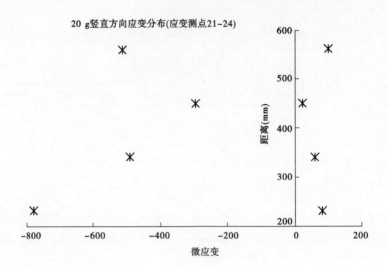

图 6-30　20 g 炸药下竖直方向动应变分布

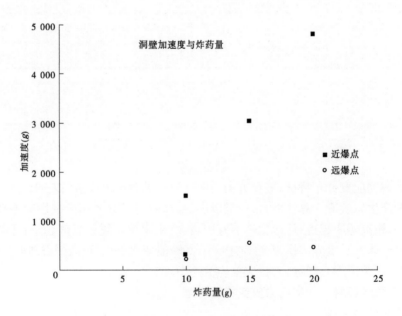

图 6-31　不同炸药量下加速度对比

2. 应变变化特征

　　不同装药量下爆点附近洞壁应变场分布特征见图 6-32。结果表明,不同装药量对洞壁应变分布影响不同。爆点附近洞壁的应变场可以分为两大类,一类表现为典型拉应变,另一类为压应变。在爆心附近洞壁的 2 个测点(应变片 8、9)主要表现为拉应变,其拉应变峰值随炸药量的增加而迅速增大。随着炸药量从 10 g、15 g 到 20 g 递增,应变测点 8 值以 330、770 和 2 000 快速增加,见图 6-33(a)。远离爆点洞壁的应变主要表现为压应变,其峰值应变随炸药量的增加有所增加。随着炸药量从 10 g、15 g 到 20 g 递增,应变测点 6、10 值分别以 -1 500、-1 780、-1 900 和 -1 200、-1 750、-3 100 有所增加递增,见图 6-33(b)、(c)。

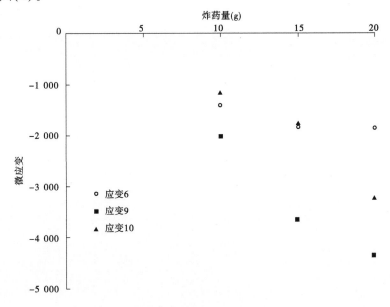

图 6-32　不同炸药量不同测点的应变对比图

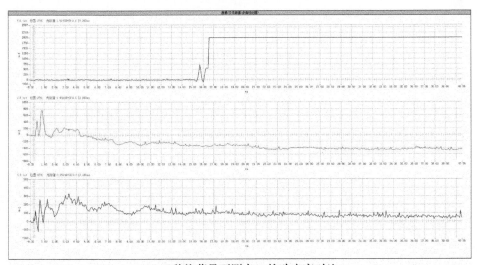

(a) 三种炸药量下测点 8 的动应变对比

图 6-33　三种炸药量下测点 8、6、10 的动应变对比

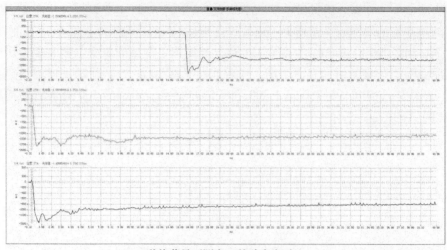

(b) 三种炸药量下测点 6 的动应变对比

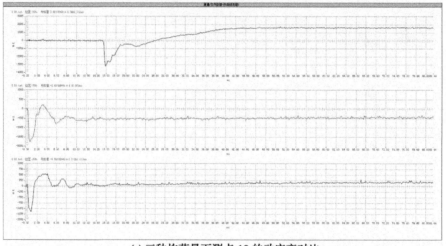

(c) 三种炸药量下测点 10 的动应变对比

续图 6-33

远离爆心洞壁的应变场分布特征:不同装药量下远离爆心洞壁的应变对比见图6-34。结果表明,不同装药量对远离爆心洞壁的应变影响不同。一般而言,远离爆心洞壁的应变场主要表现为压应变,随着爆炸荷载增加,压应变峰值快速增大。在竖直方向应变测点21、22、23 和 24,在爆炸荷载作用下,均产生压应变和拉应变,但压应变峰值明显大于拉应变,随着与爆心距离的增加,压应变、拉应变峰值均减少,随着炸药量的增加压应变、拉应变均增加,且压应变增加幅度要大于拉应变。

6.5.2 联合支护下的结果分析

拱架与锚网联合支护措施下巷道冲击地压模型试验静载自由场分布特征与不支护措施下模型试验分布几乎完全相同,这里不再详述。

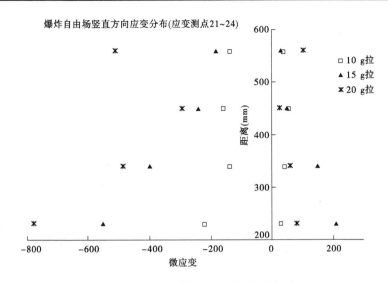

图 6-34 不同炸药量不同测点的应变对比

6.5.2.1 动载与静载共同作用下自由场分布特征

加速度分布特征:在动载与静载共同作用下自由场加速度分布曲线见图 6-35。结果表明,在导爆索和 10 g TNT 炸药及静载共同作用下,模型体内首先产生向下加速度并迅速达到峰值,然后快速下降至 0,经过两次震荡循环后,加速度趋于 0;距离炸药包越远,其加速度的峰值下降越剧烈。加速度测点 A1、A2 分别距离爆炸点为 24.8 cm 和 36.2 cm,其爆炸后向下加速度峰值分别为 630 g 和 730 g,向上加速度峰值 780 g 和 560 g。

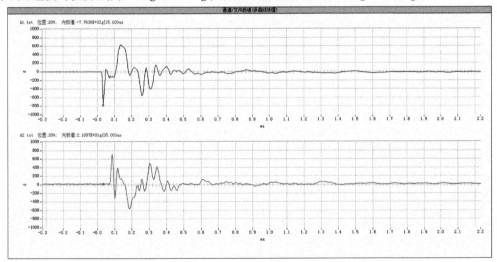

图 6-35 动载与静载共同作用下自由场加速度分布

该模式下动应变场分布特征与前面两个试验相同,不再详述。

6.5.2.2 15 g TNT 动载作用下洞室应力应变特征

15 g TNT 爆炸荷载作用下模型体内加速度和应变场分布特征如下。

1. 加速度分布特征

在动载与静载共同作用下模型体内加速度分布曲线见图 6-36。结果表明,在导爆索和 15 g TNT 及静载共同作用下,模型体内首先产生向下加速度并迅速达到峰值,然后快速下降至 0,并持续下降达到向上加速度峰值后快速反弹至 0,经 2 ~ 5 次循环衰减后,加速度大约回到 0,在同一个测点其拉伸峰值明显大于压缩值;距离爆心越远,其加速度的峰值下降越剧烈。加速度测点 A3、A4 距离爆心均约为 26 cm,其爆炸后向下加速度峰值分别为 5 000 g 和 1 140 g,而在模型体内另一方向 A1 加速度峰值为 410 g。

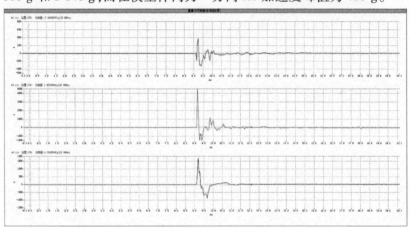

图 6-36　15 g TNT 爆炸荷载作用下加速度分布曲线

2. 应变场分布特征

在 15 g TNT 爆炸荷载作用下动应变分布曲线见图 6-37。结果表明,在导爆索和 15 g TNT 爆炸荷载及静载共同作用下,洞室围岩内动应变场主要表现压应变,距离爆炸点越近,则产生压应变越大,如距离爆炸点最近应变测点 9 出现受压变形,其爆炸后动压应变峰值分别为 4 000 με。

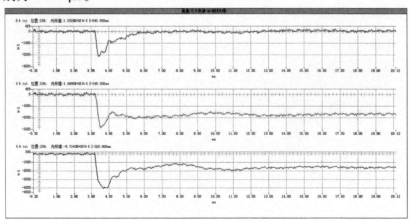

图 6-37　15 g TNT 爆炸荷载作用下动应变分布曲线

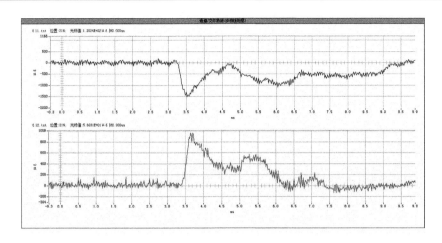

续图 6-37

6.5.2.3 20 g TNT 动载作用下洞室应力应变特征

1. 加速度分布特征

在动载与静载共同作用下模型体内加速度分布曲线见图 6-38。结果表明,在导爆索和 20 g TNT 爆炸荷载及静载共同作用下,模型体内爆心附近洞壁首先产生向下加速度并迅速达到峰值,然后快速下降至 0,而后迅速增加向上加速度峰值,继续减少至 0 后其值趋于 0;距离爆心越远,其加速度的峰值下降越剧烈。加速度测点 A3、A4 距离爆心均为 26 cm,其爆炸后可测到向下加速度峰值分别为 4 540 g 和 1 730 g。实际爆炸后,两个加速度传感器均震落,而在模型体内另一位置 A1 向下的加速度峰值为 385 g。

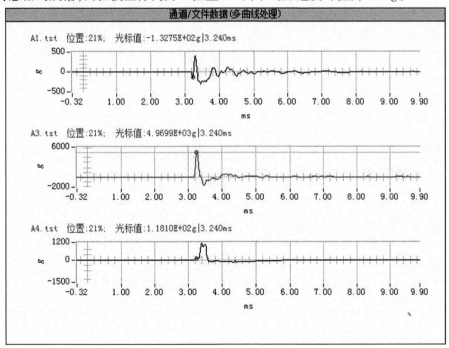

图 6-38 20 g TNT 动载作用下加速度分布曲线

2. 应变场分布特征

在 20 g TNT 爆炸荷载下动应变分布曲线见图 6-39。结果表明,在导爆索和 20 g TNT 爆炸荷载及静载共同作用下,洞室围岩内主要出现压应变。距离爆心越近,产生的压应变越大,此时距离爆心附近应变测点均出现受压变形,如应变测点 9、11 等。

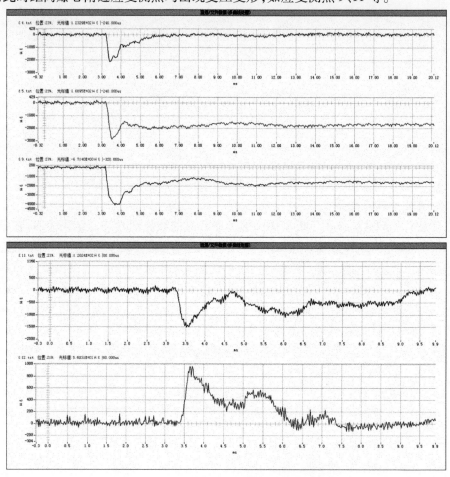

图 6-39　20 g TNT 爆炸荷载下动应变分布曲线

6.5.3　不同支护下结果对比

无支护、短密锚杆支护和拱架与锚网联合支护巷道冲击地压模型试验结果对比表明,无支护和不同支护措施下,模型内加速度和应变分布特征不同。

6.5.3.1　加速度变化特征

拱架与锚网联合支护、短密锚杆支护和无支护巷道冲击地压试验加速度曲线见图 6-40。结果表明,在相同的加载模式下,不同的支护模式对爆心附近洞壁的加速度分布影响显著,无支护的洞壁加速度方向几乎全部向下,而增加支护措施后反方向加速度增加,且支护体刚度越大,其反向加速度也越大。

结果也表明,在相同的加载模式下,不同的支护模式对远离爆心洞壁的加速度分布影

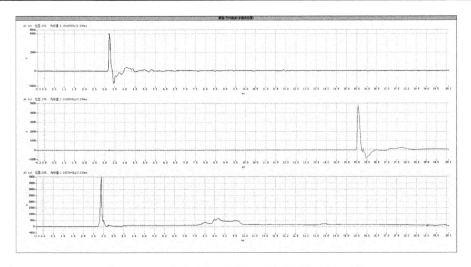

图 6-40　三种试验方案下爆心附近洞壁加速度对比

响较小,三种试验方案中洞壁两个方向加速度峰值变化均较小,见图 6-41。

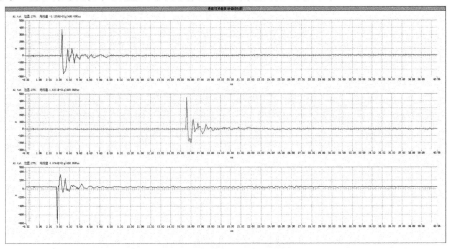

图 6-41　三种试验方案下远离爆心洞壁加速度对比

6.5.3.2　应变分布特征

　　拱架与锚网联合支护、短密锚杆支护和无支护巷道冲击地压试验应变曲线见图 6-42。结果表明,在相同的加载模式下,不同的支护模式对爆心附近洞壁的应变场分布影响显著,无支护模式下洞壁应变几乎全部表现为拉应变,洞壁由于过大拉应变而破坏;在短密锚杆支护措施下,爆心附近洞壁先出现较大压应变,而后出现较大拉应变,最终仍由于拉应变过大致使洞壁破坏;在拱架与锚网联合支护下,洞壁首先出现很大压应变,而后迅速减少,但仍表现出较大压应变,洞壁在压应变作用下保持稳定。

　　三种试验方案下远离爆心的洞壁动应变对比结果见图 6-43。结果表明,在相同的加载模式下,不同的支护模式对远离爆心洞壁处应变分布影响较小,三种试验方案中洞壁应变场均表现为压应变,随着支护措施的施加,远离洞壁处应变峰值有所增大,但两种支护模式下远离爆心洞壁处应变几乎相同。

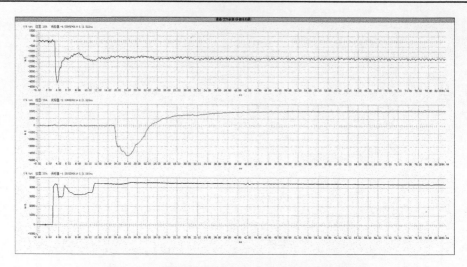

图 6-42　三种试验方案下爆心附近洞壁动应变对比

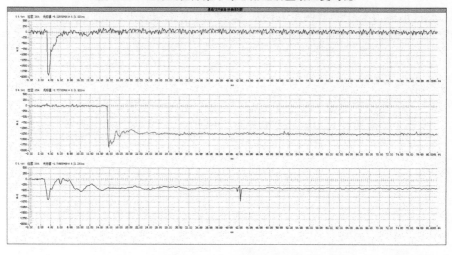

图 6-43　三种试验方案下远离爆心洞壁动应变对比

参 考 文 献

[1] 何满潮.软岩巷道工程概论[M].徐州:中国矿业大学出版社,1993.

[2] 何满潮.深部开采工程岩石力学的现状及其展望[C]//中国岩石力学与工程学会.第八次全国岩石力学与工程学术大会论文集.北京:科学出版社,2004,88-94.

[3] 钱鸣高.20年来采场围岩控制理论与实践的回顾[J].中国矿业大学学报.2000,29(1):1-4.

[4] 谢和平.矿山岩体力学及工程的研究进展与展望[J].中国工程科学,2003(3):31-38.

[5] 钱七虎.非线性岩石力学的新进展——深部岩体力学的若干关键问题[C]//中国岩石力学与工程学会.第八次全国岩石力学与工程学术大会论文集.北京:科学出版社,2004:10-17.

[6] 景海河.深部工程围岩特性及其变形破坏机制研究[D].北京:中国矿业大学,2002.

[7] 唐春安.岩石破裂过程中的灾变[M].北京:煤炭工业出版社,1993.

[8] 李夕兵,古德生.岩石冲击动力学[M].长沙:中南工业大学出版社,1994.

[9] 董方庭.围岩松动圈支护理论[A].第三届国际采矿科学技术讨论会文集[C],1991,127-132.

[10] 工程岩体分级标准编制组.工程岩体分级标准:GB/T 50218—2014[S].北京:中国计划出版社,2014.

[11] 董方庭,宋宏伟,郭志宏,等.巷道围岩松动圈支护理论[J].煤炭学报,1994(1):21-32.

[12] 蒋新军,武建文,石平五.急倾斜水平分段放顶煤放煤规律的离散元模拟研究[J].煤矿开采,2006(5):1-3.

[13] 闫少宏,许红杰,樊立策.3.5~10 m大倾角煤层巷柱式放顶煤开采技术[J].煤炭科学技术,2006 34(1):39-42.

[14] 钱鸣高,刘听成.矿山压力及其控制[M].北京:煤炭工业出版社.1991.

[15] 石平五.急倾斜煤层老顶破断运动的复杂性[J].矿山压力与顶板管理.1999(3):26-28.

[16] 高召宁,石平五,姚裕春,等.急斜特厚煤层开采围岩破坏规律研究[J].矿业研究与开发,2006(3):26-28.

[17] 石平五,邵小平.基本顶破断失稳在急斜煤层放顶煤开采中的作用[J].辽宁工程技术大学学报,2006(3):325-328.

[18] 王固态,刘振华,李云珍,等.提高煤层瓦斯抽放率的高能气体致裂技术研究[J].火炸药学报,2000(4):67-68.

[19] 龚敏,于亚伦,齐金铎.预裂-缓冲爆破中柱状孔间应力波作用分析[J].北京科技大学学报,1998(1):15-19.

[20] 李夕兵.论岩体软弱结构面对应力波传播的影响[J].爆炸与冲击,1993(4):334-342.

[21] 杨小林,王树仁.岩石爆破损伤断裂的细观机制[J].爆炸与冲击,2000(3)247-252.

[22] 卢文波,陶振宇.爆生气体驱动的裂纹扩展速度研究[J].爆炸与冲击,1994(3):264-268.

[23] 戴俊.柱状装药爆破的岩石压碎圈与裂隙圈计算[J].辽宁工程技术大学学报(自然科学版),2001(2):144-147.

[24] 杨立云.岩石类材料的动态断裂与围压下爆生裂纹的实验研究[D].北京:中国矿业大学,2011.

[25] 戴俊.岩石动力学特性与爆破理论[M].北京:冶金工业出版社.2002.

[26] 王明洋,钱七虎.爆炸应力波通过节理裂隙带的衰减规律[J].岩土工程学报,1995,17(2):42-46.

[27] 喻长智. 岩石爆破混沌模型与条形药包爆破应力波衰减规律的研究[D]. 长沙：中南大学，2001.

[28] 姜耀东，赵毅鑫，刘文岗，等. 煤岩冲击失稳的机制和实验研究[M]. 北京：科学出版社，2009.

[29] 煤炭部冲击地压科技情报分站. 冲击地压机制研究与防治经验文集[C]. 全国冲击地压会议资料，1985.

[30] 金立平. 冲击地压的发生条件及预测方法研究[D]. 重庆：重庆大学，1992.

[31] Cook N G W. A note on rock bursts considered as a problem of stability[J]. Journal of the South African Institute of Mining and Metallurgy, 1965(65):437 – 446.

[32] Brady B H G, Brown E T. Energy changes and stability in underground mining: design applications of boundary element methods[J]. Institution of Mining and Metallurgy Transactions, 1981(90): A61-68.

[33] Bieniawski Z T, Denkhaus H G, Vogler U W. Failure of fractured rock[J]. International Journal of RockMechanics and Mining Sciences & Geomechanics Abstracts, 1969, 6(3): 323-330.

[34] 李玉生. 冲击地压机理探讨[J]. 煤炭学报，1984，9(3)：1-10.

[35] 李玉生. 冲击地压机理及其初步应用[J]. 中国矿业学院学报，1985，14(3)：37-43.

[36] 章梦涛，徐曾和，潘一山，等. 冲击地压和突出的统一失稳理论[J]. 煤炭学报，1991，16(4)：48-53.

[37] Vesela V. The investigation of rockburst focal mechanisms at lazy coal mine, Czech Republic[J]. International Journal of Rock Mechanics and Mining Sciences & Geomechanics Abstracts, 1996, 33(8): 380A.

[38] Beck D A, Brady B H G. Evaluation and application of controlling parameters for seismic events in hard-rock mines[J]. International Journal of Rock Mechanics and Mining Sciences, 2002, 39(5):633-642.

[39] Lippmann H. Mechanics of "bumps" in coal mines: A discussion of violet deformation in the sides of roadways in coal seams[J]. Applied Mechanics Reviews, 1987, 40(8): 1033-1043.

[40] H Lippmann, 张江, 寇绍全. 关于煤矿中"突出"的理论[J]. 力学进展，1990，20(4)：452-466.

[41] 尹光志，李贺，鲜学福，等. 煤岩体失稳的突变理论模型[J]. 重庆大学学报，1994，17(1)：23-28.

[42] 潘一山，章梦涛. 用突变理论分析冲击地压发生的物理过程[J]. 阜新矿业学院学报，1992，11(1)：12-18.

[43] 费鸿禄，徐小荷. 岩爆的动力失稳[M]. 上海：东方出版中心，1998.

[44] 徐曾和，徐小荷，唐春安. 坚硬顶板下煤柱岩爆的尖点突变理论分析[J]. 煤炭学报，1995，20(5)：485-491.

[45] 唐春安. 脆性材料破坏过程分析的数值试验方法[J]. 力学与实践，1999，21(2)：21-24.

[46] 潘岳，刘英，顾善发. 矿井断层冲击地压的折迭突变模型[J]. 岩石力学与工程学报，2001，3(1)：43-48.

[47] 潘岳，解金玉，顾善发. 非均匀围压下矿井断层冲击地压的突变理论分析[J]. 岩石力学与工程学报，2001，3(3)：310-314.

[48] Wang J A, Park H D. Comprehensive prediction of rockburst based on analysis of strain energy in rocks[J]. Tunnelling and Underground Space Technology, 2001, 16(1): 49-57.

[49] 谢和平，W. G. Pariseau. 岩爆的分形特征和机理[J]. 岩石力学与工程学报，1993，12(1)：28-37.

[50] Xie H P. Fractal Character and mechanism of rock bursts[J]. International Journal of RockMechanics and Mining Sciences & Geomechanics Abstracts, 1993, 30(40): 343-350.

[51] 李廷芥，李启光. 岩石裂纹的分形特性及岩爆机理研究[J]. 岩石力学与工程学报，2000，19(1)：6-10.

[52] 潘一山，杜广林，张永利，等. 煤体振动后力学性质变化规律的试验研究[J]. 岩土工程学报，

1998, 20(5)：44-46.

[53] 李玉、黄梅、张连城，等. 冲击地压防治中的分数维[J]. 岩土力学，1994，15(4)：34-38.

[54] 齐庆新，史元伟，刘天泉. 冲击地压粘滑失稳机理的实验研究[J]. 煤炭学报，1997，22(2)：144-148.

[55] 齐庆新. 岩层煤岩体结构破坏的冲击地压理论与实践研究[D]. 北京：煤炭科学研究总院，1996.

[56] 徐曾和，徐小荷. 粘弹性顶板岩层下煤柱岩爆的尖点突变与滞后[J]. 力学与实践，1996，18(3)：47-50.

[57] 周晓军. 煤矿冲击地压发生条件及其控制的理论与应用研究[D].重庆：重庆大学，1997.

[58] 缪协兴，安里千，翟明华，等.岩(煤)壁中滑移裂纹扩展的冲击矿压模型[J]. 中国矿业大学学报，1999，28(2)：113-117.

[59] 张晓春，胡光伟，杨挺青. 岩石板梁结构时间相关变形的稳定性分析[J]. 武汉交通大学学报，1999，23 (2)：158-160.

[60] 窦林名，何学秋. 煤岩混凝土冲击破坏的弹塑脆性模型[C]∥第七界全国岩石力学大会论文，中国科学技术出版社，2002：158-160.

[61] Kemeny J M. A model for non-linear rock deformation under compression due to sub-critical crack growth [J]. International Journal of Rock Mechanics and Mining Sciences & Geomechanics Abstracts,1991, 28 (6)：459-467.

[62] 张晓春，缪协兴，杨挺青. 冲击矿压的层裂板模型及实验研究[J]. 岩石力学与工程学报，1999，18(5)：507-511.

[63] Dyskin. A V. Germanovich L. N Model of rockburst caused by cracks growing near free surface[J]. Rotterdam：A. A. Balkema,1993：169-174.

[64] 康红普. 巷道和峒室底板的稳定性及弯曲变形[J]. 力学与实践，1993，15(1)：48-51.

[65] 冯涛，潘长良. 洞室岩爆机理的层裂屈曲模型[J]. 中国有色金属学报，2000，10(2)：287-290.

[66] 张晓春，杨挺青，缪协兴. 冲击矿压模拟试验研究[J]. 岩土工程学报，1999，21(1)：66-70.

[67] 张晓春，缪协兴. 层状岩体中洞室围岩层裂及破坏的数值模拟研究[J]. 岩石力学与工程学报，2002，21(11)：1645-1650.

[68] 左宇军，李夕兵，赵国彦. 洞室层裂屈曲岩爆的突变模型[J]. 中南大学学报，2005，36(2)：311-316.

[69] 卢爱红. 应力波扰动诱发冲击矿压动力学机理研究[D]. 徐州：中国矿业大学，2005.

[70] 秦昊. 巷道围岩失稳机理及冲击矿压机理研究[D]. 徐州：中国矿业大学，2008.

[71] 谭以安. 岩爆岩石断口扫描电镜分析及岩爆渐进破坏过程[J]. 电子显微学报，1989，8(2)：41-48.

[72] 康政虹，高正夏，丁向东，等. 基于扰动响应判据的洞室岩爆分析[J]. 河海大学学报，2003,31 (2)：188-192.

[73] 潘一山，李忠华，章梦涛. 我国冲击地压分布、类型、机理及防治研究[J]. 岩石力学与工程学报，2004，22(11)：1844-1851.

[74] 潘一山，肖永惠，李忠华，等. 冲击地压矿井巷道支护理论研究及应用[J]. 煤炭学报，2014，39 (2)：222-228.

[75] 刘金海，姜福兴，孙广京，等. 深井综放面沿空顺槽超前液压支架选型研究[J].岩石力学与工程学报，2012，31(11)：2232-2239.

[76] 吕祥锋，潘一山，李忠华，等. 高速冲击作用下锚杆支护巷道变形破坏研究[J]. 煤炭学报，2011,36 (1)：24-28.

[77] 吕祥锋,潘一山. 刚 – 柔 – 刚支护防治冲击地压理论解析及实验研究[J]. 岩石力学与工程学报, 2012, 31（1）:52-59.

[78] 王光勇,顾金才,陈安敏,等. 顶爆作用下锚杆破坏形式及破坏机制模型试验研究[J]. 岩石力学与工程学报, 2012, 31(1):27-31.

[79] 徐景茂,顾金才,陈安敏,等. 锚杆长度和间距对洞室抗爆性能影响研究[J]. 岩土力学,2012,33 (11):3489-3496.

[80] 王四巍,刘汉东,姜彤. 动静荷载联合作用下冲击地压巷道破坏机制大型地质力学模型试验研究 [J]. 岩石力学与工程学报,2014,33(10):2095-2100.